태교, 두근두근
너를 만나는 시간

책으로 만나는 최고의 태교 강연

바쁘고 여유가 없어 태교를 못하는 엄마들을 위한 책

태교, 두근두근 너를 만나는 시간

권정희 지음

리프레시

안녕하세요?

저는 태교 전문 작가이자 태교 강연자로 활동하고 있는 권정희라고 합니다. 태현, 태환, 두 형제의 엄마이기도 하지요.

'태교 작가가 아니었다면 나는 어떤 글을 쓰며 살았을까?' 아마도 살면서 제 자신에게 가장 많이 던진 질문이 아니었을까 싶은데요.

대학원 박사과정을 수료하고 한창 논문 쓰기에 열중했던 때, 우연히 만난 어느 엄마가 제게 말했습니다. 아기가 배 속에 있을 때 태교를 해주지 못한 죄책감이 평생 남더라고. 이상하게도 그 말을 떠올리며 내내 마음 한편이 아팠습니다.

아기를 만나기 전까지도 바쁜 일상을 놓을 수 없었던 엄마는 자기 욕심에 아기를 챙겨주지 못한 것 같아 내내 미안했던 것입니다. '언젠가 아기도 알아주지 않을까?'하고 막연한 위로를 해야만 했습니다. 하지만 일부러 태교를 하지 않은 엄마가 있을까요?

그 이후 5년이라는 시간 동안 제 인생의 나침반은 소중한 아기 천사들과 엄마들을 향하게 되었습니다. 그때 만났던 엄마를 위해 마치 편지를 쓰듯 가슴 설레는 시간을 보냈지요.

태교 강연을 찾은 엄마들께 저는 이렇게 이야기하곤 합니다. 태교는 거창한 것도, 배 속에 있는 아기를 교육하기 위한 것도 아니라고. 아기를 가진 엄마의 마음을 평온하게 만들어주는 것이 바로 태교라고. 영어로 책을 읽어주고, 클래식 음악을 들려주고, 명화를 보여주지 않았다고 해서 똑똑하지 않은 아기가 태어나는 것은 결코 아니라고.

조금은 바쁜 엄마들께, 태교의 방법을 몰라서 고민하는 엄마들께 보건소, 문화센터, 태교 전문카페 BAENET(배:넷)에서 함께 했던 내용 그대로 찾아가고 싶었습니다. 오로지 엄마만을 위해 살며시 곁으로 찾아온 태교 선생님처럼!

아기를 생각하고 기다리고 사랑하는 마음이야말로 가장 아름다운 태교임을, 비싼 비용과 여유로운 시간을 들이지 않아도 충분히 소중하고 아름다운 태교 시간을 만들 수 있음을 잊지 마세요. 바로 이 순간부터, 우리만의 아름다운 태교 시간을 시작합니다!

2017년 겨울, **권정희**

차례

임신을 기다리며

1장. 첫 번째, 아름다운 태교
기다리다, 사랑하다

엄마가 되는 시간 : 임신 정보와 태교 코칭

공감하기의 시간 : 엄마가 엄마에게

읽기의 시간 : 아기야, 우리 목소리가 들리니

만들기의 시간 : 너를 위한 선물이란다

태담의 시간 : 쓰다 & 속삭이다

태교 다이어리 Dear My Baby

Special Tip 1

2장. 두 번째, 아름다운 태교
엄마에게 와서 꽃이 되다

3장. 세 번째, 아름다운 태교
어둠을 밝히는 등불처럼

4장. 네 번째, 아름다운 태교
네가 있다는 사실이 놀라워

5장. 다섯 번째, 아름다운 태교
밤바다 위로 쏟아지는 별, 바로 너

6장. 여섯 번째, 아름다운 태교
엄마 따라 웃어 볼래, 스마일 스마일!

7장. 일곱 번째, 아름다운 태교
네가 있어 더 행복한 시간

**임신
8개월**

8장. 여덟 번째, 아름다운 태교
지혜롭고 사랑스러운 아기로 자라길

기다리다,
사랑하다

첫 번째,
아름다운 태교

임신을 기다리며

엄마에게 띄우는
첫 번째 편지

반가운 아기 천사의 소식을 기다리고 있는 엄마에게 혹시 기다림의 시간이 몹시 더디게 느껴지지는 않았나요? '왜 아직까지 소식이 없지?' 어느새 엄마의 마음속에는 슬픔이 먼저 자리하고 있었을지도 모르겠군요. 음, 이런 이야기가 있답니다. 아기는 엄마의 몸과 마음이 오롯이 자기를 위해 준비되었을 때, 엄마의 방 안으로 쏘옥 들어온다는 것.

어떤 엄마는 허니문 베이비를 가졌다는데, 어떤 엄마는 큰 아이를 낳고 금방 둘째 아이가 들어섰다는데…. 지금껏 주변의 소식을 들을 때마다 엄마는 불안의 바다에 퐁당퐁당 빠졌을지도 모릅니다. 자, 어떻게 엄마의 몸과 마음이 오롯이 아기 천사를 위해 준비될 수 있을까요?

먼저 엄마부터 건강한 몸을 유지해야 한다는 사실은 아주 당연한 일일 텐데 말입니다. 하지만 한 번만 더 생각해보았으면 합니다. 엄마도 모르는 사이 엄마의 마음은 걱정과 불안으로 아파하고 있지는 않았을까요? 몸은 한결 건강해졌는데 마음이 아직 튼튼하지 못하다면? 이제 엄마의 마음을 '다급한 마음'이 아닌 '준비된 마음'으로 바꿔보기로 합시다. 아기 천사가 엄마의 방 앞에서 노크하는 순간을 위해 마음의 준비를 해보는 거예요. 그때가 언제가 되든 아무 걱정 없이 기쁘게 반겨줄 수 있는 마음으로!

몸과 마음을 힐링하세요!

임신을 준비하고 있는 지금 이 순간부터 태교를 시작해보세요! 태교는 배 속에 있는 아기를 가르치기 위한 조기교육이 아니랍니다. 아기를 가진 엄마의 마음이 편안해지고 이를 통해 건강한 출산을 할 수 있도록 도와주는 힐링healing의 시간이 바로 태교지요.

곧 찾아올 엄마의 아기 천사를 위해 지금부터 태교의 시간을 가져보기로 합시다. 독서와 음악 감상, 산책, 문화생활 등 무엇이든 좋습니다. 엄마의 마음에 잔잔한 감동의 물결을 일으키는 일을 찾아보세요. 곧 아기를 만나게 될 순간을 떠올리며 먼저 엄마의 마음을 따뜻하게 달래주세요. 솜사탕처럼 푹신푹신해진 엄마의 마음으로 아기 천사가 폴폴 날아올 수 있도록.

엄마가 할 수 있는 일

1. 건강한 몸을 위해 과중한 집안 일 줄이기.

2. 스트레스에서 벗어나기. 과격한 운동 피하기.

3. 병원에서 임신 전 검사를 받고 부족한 면역력에 대비하기.

4. 자신 있게 금주와 금연 시작하기.

5. 엄마는 아빠에게, 아빠는 엄마에게
   위로와 용기의 말 잊지 않기.

블루베리를 닮은 아기

충북 음성군 열매 엄마의 이야기

오랫동안 아기가 생기지 않는 부부가 있었습니다. 좋은 약을 찾아서 먹어보고, 유명한 병원을 찾아가보기도 하고, 정성을 다해 기도해보기도 하고…. 그때마다 부부에게 돌아온 대답은 단 한 가지.

"두 분께는 아무 이상이 없습니다."

아무 이상이 없다는 말이 몹시 이상할 수밖에 없었던 부부. 부부는 용기를 잃지 않기 위해 서로에게 분홍의 말들을 건넸습니다. "참 힘들지? 하지만 우리 잘 해내고 있어. 내가 틈틈이 자기를 더 많이 도울게."

하지만 기다림은 점점 간절함이 되고, 간절함은 점점 원망이 되어 갔습니다. 부부는 어느새 잿빛의 말들을 쏟아놓기 시작했습니다. "참 힘들어! 하지만 당신은 나만큼 신경 쓰지 않는 것 같아." 언젠가부터 두 사람이 함께 해온 모든 시간을 탓하게 되었고, 그 후로 10년이라는 시간이 지났습니다.

"고향으로 갈래."

어느 날 멍하니 창밖을 보고 있던 엄마가 말했습니다. 그때 아빠는 엄마와 꼭 같은 마음으로 대답했습니다.

"그래, 고향으로 가자."

부부는 미련을 달랠 시간도 없이 순식간에 10년 동안 쌓은 도시 생활을 트럭에 한가득 실었습니다. 고향으로 향하는 차 안에서 엄마는 말했습니다.

"오빠, 나 너무 힘들었어. 이제 아무것도 신경 쓰지 않고 마음 편하게 살래." 아빠는 말없이 엄마를 안아줄 수밖에…. 눈물을 먼저 보인 쪽은 분명 아빠였을 것입니다.

고향을 찾은 부부가 선택한 일은 바로 블루베리 농사였습니다. 평소 블루베리로 만든 음식을 좋아했던 엄마는 블루베리 값이 감당이 안 돼서 직접 농사를 짓는 거라며 농담을 늘어놓았습니다. 아빠도 덩달아 가슴속까지 블루베리처럼 푸르뎅뎅하다며 웃었습니다. 부부는 그렇게 정성을 다해 블루베리를 키웠습니다. 마치 엄마가 아기를 키우듯이.

드디어 첫 번째 수확의 날. 부부는 돈을 벌 생각 따위는 떠올리지도 않고, 수확한 블루베리를 예쁘게 포장하는 일로 바빴습니다. 그동안 고마운 마음을 표현하지 못했던 가족과 지인들에게 하나 둘씩 선물을 보내다보니 거짓말처럼 블루베리가 몽땅 동이 나고 말았지요. 며칠 뒤 친정어머니로부터 전화가 걸려 왔습니다.

"정말 신기하지? 처음으로 선인장에 꽃이 피었는데, 꽃이 꼭 블루

결코 쉽게 꽃이 피지 않는다는 선인장에서 기적과도 같이 꽃이 피어났다는 어머니의 전화…. 어머니는 예감하고 있었던 것일까요? 그날 부부는 11년 만에 그토록 기다리던 소식을 들을 수 있었습니다.

"자연 임신입니다. 축하드립니다!"

소식을 들은 아빠는 블루베리가 가득 찬 양동이를 하마터면 다 쏟을 뻔했다나요. 아빠는 엄마를 향해 달려오는 동안 블루베리 과즙이 밴 푸른 눈물을 연신 닦았습니다. '자기야, 고마워. 정말 고마워. 그리고 정말 고생 많이 했어.'

그로부터 열 달 후, 드디어 부부는 그토록 기다리던 아기 천사를 만날 수 있었습니다. 블루베리처럼 푸른 눈을 가진 아기, 열매. 이제 열매의 엄마, 아빠가 된 부부는 오랜 시간 간절한 마음으로 아기를 기다리는 다른 부부를 위해 이렇게 이야기해주었습니다.

열매 **엄마의 쪽지**

"마치 블루베리 열매를 키우듯이 정성을 다해
자신의 몸과 마음을 돌보세요.
이 열매를 통해 행복해 할 수많은 사람들을 떠올리며
하루하루를 밝고 건강하게 지낼 수 있기를 바랍니다!"

안데르센의 동화, 「엄지공주」에서

꽃을 피우는 마음

깊은 산속 어느 마을에 나팔꽃처럼 환한 미소를 가진 부부가 살고 있었어요. 부부에게는 꼭 한 가지 이루고 싶은 소원이 있었는데, 그건 바로 부부의 모습을 꼭 닮은 예쁜 아기를 갖는 것이었어요. 부부는 아침마다 창가에 핀 꽃들을 보며 기도했어요.

"숲속의 요정님, 저희에게 예쁜 아기를 선물해주세요!"

하루, 이틀, 사흘, 나흘…. 부부는 새로 심은 씨앗에서 꽃이 피기를 기다리는 마음으로 간절히 기도했어요. 숲속의 요정에게 부부의 마음이 꼭 전해지길 바랐지요.

아침 햇살이 보석처럼 빛나던 날, 정말 놀라운 일이 일어났어요. 숲속의 요정이 부부를 찾아온 거예요. 요정은 작은 꽃씨 하나를 부부의 손에 들려주며 말했어요.

"두 분의 마음처럼 예쁜 꽃으로 피어나기를!"

이 말을 남긴 채 요정은 연기처
럼 스르륵 사라졌어요. 부부는 아직
도 믿기지 않는다는 듯 요정이 사라
진 창문을 한참 동안 바라보고 있었
고요. 그날 이후 부부의 기도는 더욱
더 간절해졌어요. 매일매일 이어지
는 기도가 어떤 때에는 노랫소리처
럼 들리기도 했지요.

"숲속의 요정님, 그리고 산새들이여. 저희의 노래를 들어보세요.
여기 아주 작고 예쁜 꽃씨를 아주 작고 예쁜 화분에 쏘옥쏘옥. 해님
달님이 환한 빛으로 비춰주고, 산들바람이 따뜻한 입김을 불어주니
꽃씨가 토옥토옥. 이제 뭉게구름이 촉촉한 비를 또롱또롱 내려준다
면, 아주 작고 예쁜 꽃이 피어날 텐데!"

부부는 정말 노래를 부르고 있었는지도 몰라요. 해님은 새싹이 추
위에 얼어붙지 않도록 도왔어요. 달님은 새싹에 벌레들이 앉지 않
도록 지켰지요. 바람은 따뜻한 소식을 가져다주었고, 구름은 촉촉한
비를 내려주었어요.

얼마 후 뭉게구름이 봄비를 내린 다음날이었을 거예요. 드디어 화
분에서 아주 작은 새싹이 돋아났어요. 햇빛을 머금은 채 짙은 초록
색을 뽐내는 새싹이었지요. 부부는 새싹을 어루만지며 기뻐했어요.

"단단한 흙을 헤치고 나오느라 얼마나 힘들었을까!"

부부는 추운 바람을 이겨내고 거센 빗줄기를 견뎌낸 새싹이 기특하기만 했어요. 새싹을 볼 때마다 미소를 짓고, 덩달아 어깨도 들썩였어요.

그 뒤로 몇 번의 계절이 더 지났을 때였을까요. 마침내 새싹은 연분홍색의 예쁜 꽃으로 피어났어요. 동그란 꽃봉오리는 공주의 왕관처럼 눈부셨고, 곧게 뻗은 꽃대는 나무의 줄기처럼 단단한 꽃이었지요. 바로 그때였어요. 부부에게 믿을 수 없는 일이 일어났지요. 꽃봉오리가 한 잎 두 잎 열리더니, 그 안에서 아주 작고 예쁜 아기가 나온 거예요.

"세상에, 네가 왔구나!"

부부는 엄지손가락만큼 작은 아기를 두 손으로 조심스레 안았어요. 부부의 눈에 그렁그렁 맺힌 눈물이 두 손 위로 톡톡 떨어졌어요. 아기는 아침 햇살처럼 환한 미소를 짓고 있었지요.

"여보, 당신 덕분에 이렇게 예쁜 꽃이 피어났군요. 고생했어요. 정말 고생했어요."

누가 누구에게 건넨 말인지 알아낼 수는 없을 거예요. 아마도 부부는 동시에 서로에게 같은 마음을 가졌을 테니까요. 부부는 아기를 향해 말했어요.

"우리의 공주님이 되어주겠니? 너와 함께 즐겁고 행복할 수 있도록 우리는 노력할 거야. 우리에게 와줘서 정말 고마워, 엄지공주님!"

그리고 부부는 기도했지요. 지난날 숲속의 요정을 향해 간절한 마

음을 전했을 때처럼요. 하지만 이번에는 무언가를 바라는 기도가 아
니었어요. 그것은 해님, 달님, 바람 그리고 구름을 향한 감사의 기도
였거든요. 부부는 생각했어요. 숲속의 요정이 말한 대로 예쁜 꽃을
피우기 위해서는 언제나 예쁜 마음을 가져야 한다고. 전보다 더 마
음을 다해 꽃을 키워야 함은 물론 전보다 더 마음을 다해 서로를 사
랑해야 한다고.

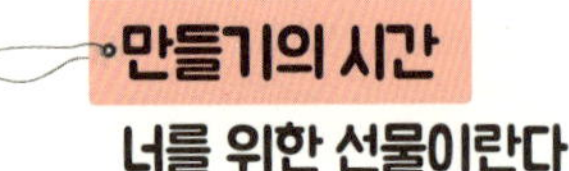

엄마만의 미니 정원 만들기

아기를 키우는 것처럼

아기를 기다리는 동안 작은 화분을 한번 가꿔보기로 해요. 햇볕을 비춰주고 적당한 양분을 공급하며 식물을 키우는 동안 엄마는 생명의 소중함을 미리 깨달을 수 있어요. 새잎이 나기까지의 기다림, 시들었을 때의 슬픔, 꽃이 피었을 때의 기쁨 등을 통해 엄마는 마치 아기를 키울 때처럼 행복과 보람을 느낄 수 있을 것입니다. 식물의 초록색은 엄마의 마음을 안정시키는 효과가 있다고 하지요. 한가한 오후 시간, 햇볕이 따사로운 창가에 엄마만의 작은 정원을 만들어보세요.

준비물

상추 씨앗, 모종삽, 화분(크기가 크고 넓적한 것), 배양토(흙), 조리개
상추 씨앗이 아니어도 쉽게 구할 수 있는 씨앗이 있다면 무엇이든 좋아요.

1 화분에 흙을 듬뿍 채워주세요. 화분 전체 크기의 80% 정도의 양으로 채워주면 돼요.

2 모종삽을 이용하여 흙의 윗부분을 일(一)자로 길게 파서 홈을 만들어주세요. 이때 흙은 손가락 한 마디를 넘지 않는 깊이로 파야 해요.

3 기다린 홈에 상추 씨앗을 솔솔솔 뿌려주세요. 씨앗을 한 곳에 너무 많이 뿌리지 않도록 조심해요. 나중에 상추가 오밀조밀 뭉쳐서 날 수 있기 때문이지요.

4 씨앗을 뿌린 홈에 흙을 촘촘하게 채워주세요. 흙을 뿌릴 때는 꾹꾹 누르지 말고 마치 아기 이불을 덮듯이 살며시 덮어주면 돼요.

5 조리개로 물을 뿌려서 흙을 적셔 주세요. 이때 조리개에서 물이 한 번에 많이 나오지 않도록 조심하세요.

6 짜잔! 엄마만의 미니 정원이 완성됐어요. 아기를 키우는 마음으로 첫 잎이 돋아나는 순간을 기다려봐요.

엄마의 꿈, 기도, 희망

무지개의 끝에는

청명한 가을 하늘에 무지개가 떠올랐습니다.

동시에 어릴 때의 추억도 떠올랐습니다.

"무지개의 끝에는 요정이 사는데,

그 요정은 아이들이 가고 싶어 하는 곳이 어디든지 다 데려다준대."

어릴 때 아버지가 줄곧 들려주던 말이었지요.

그 말에 정말 요정을 만날 수 있을 것만 같은 희망이 생겨났습니다.

하지만 세월이 흐른 뒤 아버지의 말이 거짓말이라고 생각한 때부터

무지개는 더 이상 일곱 색깔로 보이지 않았습니다.

아버지는 어른이 된 딸 앞에서 말을 바꿨습니다.

"믿으면 갈 수 있어. 무지개의 끝!"

오늘 밤 일곱 색깔 무지개의 끝에서 엄마의 아기를 만나보세요.
엄마가 아기였던 시절부터 무지개 요정을 향해 바랐던 희망이
바로 이 순간 이루어질 테니까요!

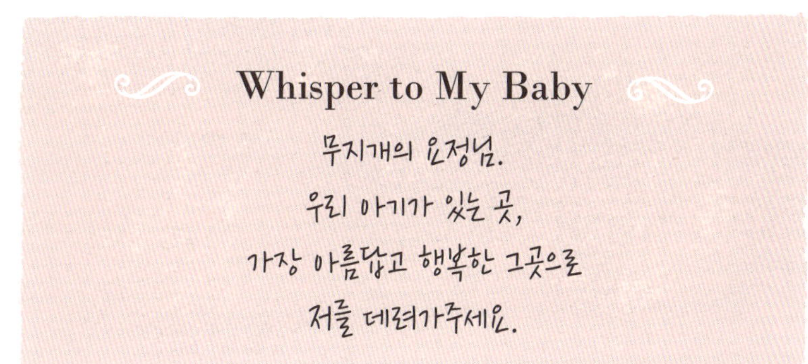

너를 그리며, 기다리며

곧 엄마의 곁으로 찾아올 아기 천사님에게
꼭 들려주고픈 말을 적어보세요!

태교 다이어리, 이렇게 써보세요!

임신 기간의 순간순간을 잊지 않기 위해 적어보는 다이어리.

절대 부담이 되어서는 안 되겠지요.

오래오래 잊지 않고 기억해두었다가 나중에

우리 아기가 글자를 읽게 되었을 때 깜짝 선물처럼 꺼내보세요.

아기와 함께 기억하고 싶은 순간을

엄마만의 편안한 말투 그대로 짤막하게 적어보세요.

마치 배 속의 아기에게 속삭이듯이!

사랑하는 나의 아기 천사를 기다리며

안녕, 아기야! 언제쯤 우리는 만날 수 있을까?

엄마랑 아빠는 오늘도 간절히 기도했어.

하루라도 빨리 우리 아기를 만날 수 있게 해달라고.

물론 상상이 되지 않아. 네가 온다면 어떨까?

과연 어떤 삶이 펼쳐질까? 우리는 걱정하지 않을 거야.

우리에게 네가 찾아온다면, 그것보다 가치 있는 선물은 없을 테니까.

엄마는 엄마의 몸과 마음이 더 건강할 수 있도록 노력할 거야.

그래야만 우리 아기가 엄마 배 속으로 쏙 찾아올 것 같아.

아빠도 담배를 끊어보기로 했어. 술도 조금씩만 마시기로 했고.

물론 아주 어려운 일이 될 거라며,

벌써부터 깔깔깔 웃는다, 네 아빠는. ^^

네가 무사히 엄마, 아빠를 찾아올 수 있도록

엄마, 아빠 마음속에 그리고 우리가 사는 세상 곳곳마다

환하게 빛나는 등불을 걸어두고 싶어.

엄마, 아빠가 밝힌 등불이 보인다면, 그땐 꼭 우리에게 와주렴.

우리는 너를 진심으로 기다리고 있으니!

- 2017년 10월 15일 너를 기다리는 엄마, 아빠가

사랑하는 나의 아기 천사, 콩이!
안녕, 콩이! 드디어 콩이가 엄마에게 왔구나.
오늘 새벽 엄마는 네가 왔다는 사실을 알았어.
임신 테스트기에 선명하게 나타난 빨간 선 두 줄은
마치 "엄마, 제가 왔어요!" 하며 네가 보낸 신호 같았단다.
엄마랑 아빠는 아주 오랫동안 우리 콩이를 기다렸단다.
누군가는 그러더구나. 아기가 없는 편이 더 나을지도 모른다고.
아기가 태어나면 슬퍼서 울고 힘들어서 울 일이 천 번이 넘을 거라고.
물론 우리 콩이를 키우며 슬프기도 하고 힘들기도 할 거야.
하지만 분명한 것은 콩이와 함께 하는 동안 엄마랑 아빠는
천 번을 넘어 수를 다 헤아릴 수 없을 만큼 기쁠 거라는 사실!
네가 찾아온 지금 이 순간부터 엄마는 매일매일이 꿈 같을 거야.
우리는 영영 네가 오지 않을 줄 알았어.
그러니 네가 찾아왔다는 사실만으로도
우리는 벌써부터 세상을 다 가진 듯 행복할 수밖에!
너와 함께 오래오래 행복할 수 있는 일들을 꿈꿀 거야.
콩이야. 우리에게 와줘서 고마워.

— 2017년 10월 30일 콩이를 사랑하는 엄마, 아빠가

엄마에게 와서
꽃이 되다

두 번째,
아름다운 태교

임신 1~2개월

엄마에게 띄우는
두 번째 편지

임신 테스트기에 나타난 두 개의 빨간 선!

엄마는 얼마나 달콤하고 행복했을까요? 임신을 진심으로 축하합
니다! 생리를 한 번 지나쳤을 때, 혹시나 하면서도 완전히 임신 사실
을 믿을 수는 없었을 것입니다. 하지만 생리를 두 번 지나쳤을 때, 혹
시나 하는 마음은 흥분으로 바뀌게 되지요.

대부분의 임신부들이 임신을 확신하는 시기가 임신 2개월 무렵이
라고 합니다. 수정과 착상이 이루어진 임신 1개월이 지나고, 태아가
2.5cm 정도의 길이, 4g 정도의 무게로 자라나는 임신 2개월. 2개월에
접어든 무렵부터는 병원 초음파 검사를 통해 아기의 심장 소리를 들
을 수 있답니다.

자, 그럼 콩닥콩닥 뛰는 아기의 심장 소리도 들었으니, 당장 엄마
의 몸도 보통 임신부들처럼 불어날 거라고 상상할 수 있지만, 임신

1~2개월을 맞이한 엄마의 몸은 크게 변화하지 않는답니다. 다만 이전보다 잦은 피로감을 느끼고 수면제를 먹은 듯 꾸벅꾸벅 조는 일이 생길 수 있습니다.

또 이때쯤 엄마에게는 그토록 좋아하던 음식도 마다하게 되는 입덧이 찾아올 텐데요. 입덧을 피하려고 음식 섭취를 줄이면 태아의 발육이 방해받을 수 있습니다. 상큼한 과일을 소량씩 수시로 챙겨 먹는 방법이 입덧을 방지하는 데 도움이 되어줄 것입니다. 문득 재미난 상상도 해봅니다. 과연 엄마에게도 한여름에 군고구마를, 한겨울에 복숭아를 먹고 싶은 순간이 찾아올지!

문학 작품을 읽어보세요!

'내가 아기 엄마가 된다니!' 지금쯤 엄마 마음에는 기쁨과 감격이 송송 솟아나고 있겠지요? 이제 무사히 임신 기간을 보내기 위하여 이것저것 준비하고 싶은 것들이 많을 텐데요. 태교에 대해서도 마찬가지일 것이고요.

하지만 그 전에 당부하고 싶은 한 가지가 있다면, 임신 초기에 뜻하지 않은 일로 아기를 잃는 일이 생길 수도 있다는 사실. 그래서 임신 초기는 더욱 더 조심해야 하는 시기랍니다. 태교를 위해 엄마는 벌써 몇 권의 책과 프로그램을 찾았을 수도 있습니다. 뭐 아무리 뛰어나고 훌륭하다고 소문난 태교 방식이라고 해도 엄마에게 맞지 않는다면 소용없겠지요?

유산의 위험이 있을 수 있는 임신 초기에는 엄마의 마음을 편안하게 만들어줄 수 있는 태교를 추천합니다. 엄마를 긴장시키거나 다급하게 하고 압박감을 느끼게 하는 태교는 금물. 잠시나마 마음을 촉촉하게 달래주는 시집, 어릴 때 읽었던 안데르센 동화, 그림 형제 동화, 이솝 이야기, 탈무드 등과 같은 세계 명작 동화를 읽어보는 것도 좋은 방법 중 하나입니다.

엄마가 할 수 있는 일

1. 지혜롭게 입덧을 이겨내기.
2. 과격한 운동이나 신체 활동 피하기.
3. 스트레스, 불안, 걱정 등으로부터 자유로워지기.
4. 건강한 임신 기간을 보내기 위해 엽산 복용하기.
5. 약물 복용, X선 촬영 피하기.

꿈처럼 찾아온 사랑,
그리고 꿈이

서울 영등포구 꿈이 엄마의 이야기

"나는 사랑 같은 거 믿지 않아!"

바로 이 말, 드라마에서나 나오는 이야기가 아니랍니다. 정말 사랑을 믿지 않는 여자가 있었습니다. 그녀는 자신의 오랜 꿈을 이루기 위해 학업도, 일노 게을리 하지 않고 열심히 살았습니다. 공부도 1등, 일도 1등, 말 그대로 인생도 1등이고 싶은 여자였지요. 그런 그녀에게 사랑이란 어쩌면 사치와도 같은 감정이었을 것입니다. 그녀는 꽃을 한 움큼 들고 온 남자도, 유니콘을 닮은 백마를 타고 온 남자도 모두 마다했습니다. 결혼 그리고 아이는 그녀 인생에 결코 등장하지 않을 소재 같았지요.

언젠가 사촌 오빠가 그녀를 달랬습니다. 정말 좋은 사람이 있다, 내 동생이 이 사람을 놓치지 않았으면 좋겠다…. 그녀는 동화 속 사자처럼 콧방귀를 팽 뀌다가 못이기는 척 오빠가 주선한 소개 자리에 나가게 되었습니다. 그때까지만 해도 자신에게 어떤 일이 벌어질지 예상도 못하고 있었으니까요.

정말 좋은 사람, 내 동생이라면 놓치지 말아야 할 사람. 그 사람을 만나고 온 뒤 그녀는 마치 꿈을 꾸고 있는 사람처럼 변했습니다. 함께 있는 동안 믿기지 않을 만큼 행복한 사람을 만나기는 처음이라고…. 꿈처럼 다가온 남자 역시 그녀의 매력에 흠뻑 빠지고 말았습니다. 뭐 이보다 좋은 만남이 있을까요. 그녀는 남자를 만난 지 석 달여 만에 결혼을 선언했습니다.

일과 사랑 중 한 가지를 선택하라면 당연히 일을 선택할 거라고 자신했던 그녀. 그녀는 일을 할 때처럼 아니, 그보다 더 열심히 결혼 준비를 하였습니다. 예식장을 알아보고 신혼살림을 준비하고 신혼여행을 계획하고…. 그동안 직장에서 했던 일들은 분명 많은 돈과 명예를 가져다주었습니다. 반면 결혼을 준비하는 일은 그녀에게 그 어떤 이득도 당장 가져다주지 않았습니다. 하지만 그녀는 일을 할 때보다 더 큰 만족과 행복을 느낄 수 있었습니다. 정말 믿기지 않는, 그야말로 꿈만 같은 일이었지요.

드디어 두 사람이 약속한 결혼식이 다가왔습니다. 그녀는 사랑하는 남자와 수많은 하객들 앞에서 깜짝 고백을 하였습니다.

과연 그녀가 한 고백이 맞을까요. 참 많은 의미가 담긴 고백이었습니다. 그녀는 짧은 시간이었지만 남자와 만나는 동안 아주 중요한 가치를 깨달았다고 했습니다.

그녀는 자신의 꿈이 그를 만남으로써 비로소 이뤄질 수 있었다고 믿었습니다.

하루하루를 처음 만난 날처럼, 결혼기념일인 것처럼 여기며 사는 동안 그녀에게는 또 한 번 꿈만 같은 일이 생겨났습니다. 그녀에게도 예쁜 아기 천사가 찾아온 것이지요. 사랑 같은 거 믿지 않겠다던 여자는 어디로 갔을까요. 임신 소식을 알자마자 직장에 육아 휴직을 신청한 그녀를 보며 가족은 혀를 내둘렀습니다. "결혼 안 했으면 아주 큰일 날 뻔 했구나!" 이렇게 놀려도 그녀에게 들릴 리 만무했지요.

아기의 태명은 꿈이. 그녀는 하루 중 대부분을 꿈이를 위한 태교의 시간으로 가득 채웠습니다. 꿈이에게 태교 동화를 읽어주며 배꼽이 빠질 만큼 웃다가는, 태교 음악을 들으며 새근새근 잠이 들기도 하였습니다. 꿈이 아빠가 돌아오면 하루 종일 얼마나 즐겁게 꿈이와 시간을 보냈는지 자랑하느라 바빴지요. 그녀는 꿈이 아빠에게 이렇게 말하곤 했습니다.

결혼식 날 그녀가 약속한 꿈만 같은 휴가란, 바로 꿈이와 함께 떠나는 태교 여행이었을지도 모르겠군요.

꿈이 엄마의 쪽지

"가끔은 결혼 생활을 꿈처럼 여겨보세요. 정말 말도 안 되는 일 아닌가요? 엄마가 그토록 사랑하던 사람과 지금 이 순간도 함께 하고 있다는 사실! 게다가 얼마 안 있으면 두 사람을 꼭 닮은 아기를 만나게 된다는 사실!"

홍랑의 시조, 「묏버들 가래 것거」에서

사랑하라, 마치 운명처럼

옛날 조선 선조 때 있었던 일이랍니다. 함경도 경성 지방에 홍랑 洪娘 이라는 여인이 살고 있었어요. 어려서 일찍이 부모를 여의고 고아로 자란 그녀의 삶은 늘 가난하기만 했어요. 그래도 시를 읽고 짓기를 좋아했던 그녀는 누가 보더라도 아름답고 지혜로운 여성으로 자랄 수 있었지요.

이후 홍랑은 관직에 있는 사람들의 수발을 드는 관기로 일하게 되었어요. 관기는 관아에서 일하는 기생을 말하는데요. 사람들이 보기에는 하찮고 힘든 일일지 몰라도 그녀는 스스로 자신감을 갖고 최선을 다해 일했어요. 그때까지도 그녀는 상상도 못하고 있었어요. 자신이 곧 운명적인 사랑의 주인공이 될 거라는 사실을!

고죽 孤竹 최경창 崔慶昌과 홍랑의 만남은 처음부터 아주 운명적이었어요. 당시 정6품 문관이며 당대 문장가로 불릴 만큼 시에 능했던 고죽은 마침 함경도로 발령을 받게 되었어요. 바로 홍랑이 일하고 있는 곳이었지요. 일의 고됨을 잊고 잠시나마 휴식도 취할 겸 고죽은 함경도 경성을 찾아갔어요.

그곳에서 처음으로 달처럼 빛을 뿜내는 홍랑을 마주한 것이었지요. 홍랑 역시 여느 관리들보다도 자애롭고 용맹한 고죽에게서 태양의 빛을 발견할 수 있었어요. 둘은 마치 기다리고 기다리던 인연을 만난 것처럼 서로에게 빠져들었답니다.

두 사람이 가장 행복했던 순간은 손수 지은 시를 서로에게 읊어주고 그 감상을 함께 나눌 때였어요. 시를 읊는 순간만큼은 세상의 모든 걱정이 걷히고 오로지 두 사람의 행복만 남은 듯 여겨졌지요. 고죽과 함께 지내는 동안 홍랑은 어릴 적 부모에게서 받지 못했던 따뜻한 온정을 느낄 수 있었어요. 둘의 사랑은 밤하늘의 달처럼 영롱하고, 먼동의 태양처럼 붉게 물들어 갔는데….

2년 여의 시간이 지난 때였을까요. 두 사람에게 슬픈 소식이 찾아들었어요. 고죽이 함경도에서의 관직을 마치고 서울로 돌아가야만 했던 거예요. 당시 함경도와 평안도에는 사람들의 관외 이동을 금했던 법규가 있었어요.

법규는 둘째 치더라도 사대부 가문에 비하면 초라하기 짝이 없는 그녀의 신분이 더욱 더 가혹하게 여겨졌어요. 홍랑은 도저히 고죽을 따라나설 수가 없었던 거지요. 자신을 떠나는 고죽에게 그녀는 시조 한 수를 선물로 건넸어요.

묏버들 가래 것거 보내노라 님의 손듸
자시는 창밖에 심거두고 보소서
간밤에 새닙 나거든 날인가도 녀기소서

산에 난 버들가지 중
가장 고운 것을 가려내 꺾어
님의 손에 보냅니다.
주무시는 창밖에 심어 두고 보시길
만일 간밤에 새잎이 난다면
날 본 듯 여겨주소서

그녀의 마음을 온전히 담은 시는 고죽의 마음을 울리고 말았어요. 그는 이 시 한 수 때문에 함경도를 떠나서 단 하루도 그녀를 잊을 수 없었지요.

그 이후 한참 동안 두 사람은 서로를 그리워하며 보냈어요. 그러다가 고죽이 몹시 아팠던 적이 있었는데, 그와 갑자기 연락이 닿지 않자 홍랑은 큰 걱정에 빠지고 말았어요. 그녀는 아름다운 자신의 모습을 감추기 위해 일부러 남장을 하고 길을 나섰어요. 지금처럼 교통수단이 편리했던 때가 아니었으니…

홍랑은 1주일을 꼬박 걸어 고죽이 있는 한양에 도착할 수 있었지요. 비록 아픈 몸으로 누워 있긴 하지만, 고죽은 그녀를 한 번에 알아보고 얼마나 반가워했는지 몰라요. 금세 병상에서 일어나 다시금 그녀와 애틋한 시간을 보낼 수 있었는데요. 다시 경성으로 돌아갈 채비를 마친 홍랑에게 그는 한 편의 시를 건넸어요. 두 사람이 경성에서 헤어질 때 홍랑이 그에게 시조 한 수를 선물했던 것처럼요.

그대 보내기 아쉬운 마음에 연신 바라보며 향기 가득한 난초 드리니
이제 떠나면 그 머나먼 곳에서 어느 날에 다시 만날 수 있을까
함관령에서의 옛 노래는 다시 부르지 말길
구슬픈 비가 내리면 그대 걷는 험한 산길이 더 어두워질 테니

훗날 고죽이 먼저 세상을 떠났을 때, 홍랑은 3년 동안 그의 묘를 지켰어요. 뭇 남성들이 자신을 탐내기라도 할까 봐 일부러 얼굴에 상처를 냈다는 이야기도 전해지지요. 그리고 고죽의 시와 글이 고스란히 담긴 문집을 그의 집안에 전했어요. 진심으로 고죽을 섬기고 따른 그녀의 사랑 앞에 사대부 가문도 고개를 끄덕일 수밖에 없었다고 해요.
홍랑은 역사 속에서 드물게 사대부가의 선산에 함께 묻힌 기생으로 기억되고 있는데요. 오늘날까지도 두 사람의 이야기는 운명과도 같은 사랑의 본보기로 전해지고 있어요. 경기도 파주 교하에 가면 두 사람의 묘소는 물론 사랑의 증표로서 주고받은 두 편의 시가 담긴 시비도 만날 수 있답니다.

送別
玉帜雙啼出鳳城
曉鶯千囀為離情
羅衫寶馬河關外
草色迢…送獨行

고백 스케치북 만들기
사랑은 꿈처럼, 영화처럼

사랑하는 사람의 앞에 서서 스케치북을 넘기던 남자! 남자는 스케치북에 손 글씨로 자신의 마음을 담았었지요. 이후 많은 연인들에게 프러포즈의 방법으로 인기몰이를 했던 영화 속 한 장면을 알고 계신가요? 훗날 아기가 막 글자를 깨우쳤을 때, 엄마의 사랑하는 마음이 담긴 손 글씨를 보여주면 어떨까요? 오늘 우리도 아기를 향한 고백 스케치북을 만들어보기로 해요. 마치 영화 속 한 장면처럼!

준비물

8절 스케치북(위로 넘기는 형태), 검정 펜(색이 진하고 굵기가 굵은 것), 풀, 가위, 엄마의 임신한 모습을 찍은 사진 한 장

표지 만들기

1 스케치북 한 장을 뜯어내서 겉표지보다 조금 작은 크기가 되게 테두리를 잘라주세요. 그런 다음 모서리와 가운데에 꼼꼼하게 풀칠을 해서 스케치북 겉표지에 붙여주세요.

2 아기의 태명을 넣어서 제목을 적어주세요. 제목 밑에는 아기의 실제 이름을 적을 자리를 남겨 두기로 해요. 아기가 스케치북을 읽게 되었을 때는 태명보다 실제 이름으로 더 많이 불릴 테니까요.

속지 만들기

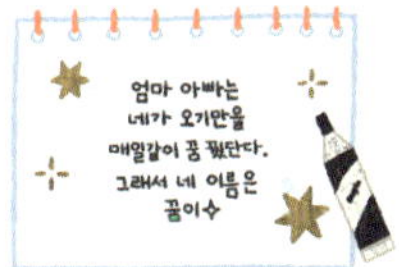

1 무엇을 적을까 몹시 고민될지도 몰라요. 몇 가지 내용을 추천해 드린다면,

- 아기의 태명을 짓게 된 사연
- 아기를 가져서 가장 행복했던 일
- 배 속 아기에게 가장 미안했던 일
- 아기를 위해 기도했던 내용

2 맨 마지막 페이지에는 현재 날짜를 적기로 해요. 그리고 날짜 밑에 엄마의 임신한 모습을 찍은 사진을 붙여주세요. 나중에 아기가 마지막 페이지에 적힌 날짜와 사진을 보며 "왜! 제가 태어나기 전에 만든 거예요?"라고 묻는다면? 분명 즐겁고 뜻깊은 선물이 되어줄 거랍니다.

*고백 스케치북은 아기가 글씨를 읽게 되었을 때 전달될 예정이랍니다. 그때까지 엄마만 아는 비밀스러운 곳에 숨겨두기로 해요. 참! 고백 스케치북의 대상은 꼭 아기가 아니어도 괜찮아요. 아기 아빠를 향한 깜짝 고백이어도 좋습니다.

엄마에게 찾아온 기쁨

엄마에게 와줘서 고마워!

별 생각 없이 길을 걷는데 꽃 한 송이가 눈에 들어왔습니다.

어떻게 여기에도 꽃이 피었을까? "안녕하세요!"

마른 나뭇잎과 지푸라기 사이에서 핀 꽃이

보랏빛 제 모습을 뽐내며 인사를 건넸습니다.

"그래, 안녕! 봄이 왔나 보구나!"

작고 예쁜 모습이 기특해서 인사를 건네는데,

어디선가 다시 인사를 건네는 소리가 들렸습니다.

"안녕, 엄마! 제가 왔어요!"

봄을 알리는 소리, 추운 겨울 내내 간절히 기다린 소리,

바로 우리 아기의 소리 같았습니다.

축하합니다!
엄마의 삶에 한 송이의 꽃이 찾아왔군요.
이제 엄마의 손실로 세상에서 가장 아름다운 꽃을 피워주세요!

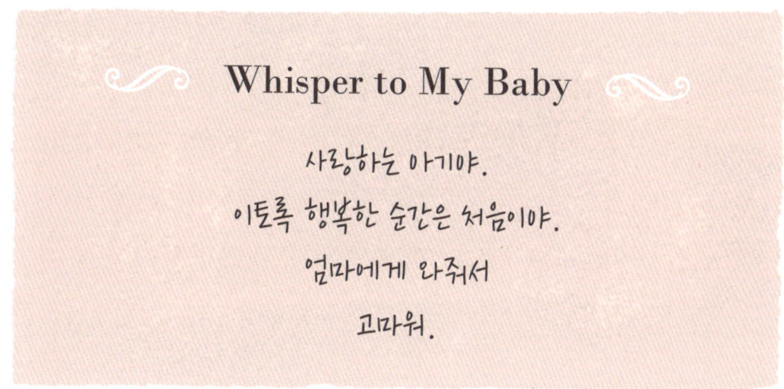

Dear My Baby

1~2개월, 우리에게 일어난 일

임신 테스트기에서 두 개의 빨간 줄을 확인한 날을 기억하고 있나요?
우리 아기가 찾아왔음을 처음으로 알게 된 날을 적어보세요!

어둠을 밝히는
등불처럼

세 번째,
아름다운 태교

임신 3개월

엄마에게 띄우는
세 번째 편지

여전히 아기와 엄마를 위해 조심해야 할 때입니다. 무사히 임신 초기를 보낼 수 있도록 엄마는 노심초사하는 마음으로 지낼 수도 있습니다. 하지만 스트레스를 받을 정도로 불안한 마음을 갖는다면 도리어 임신 기간을 방해할 수도 있다는 사실을 잊지 마세요.

아기는 이제 검지손가락 길이 정도로 자라났고, 무게도 20g으로 지난달보다 네 배 정도 늘어났답니다. 이에 비해 아직까지도 엄마의 몸은 눈에 띄게 변화하지 않을 것입니다. 그나마 전달보다 급격히 심해진 입덧이 엄마의 임신 사실을 숨길 수 없도록 해주고 있겠군요.

이제 엄마의 몸을 자세히 들여다봅시다. 임신 전에 비해 가슴이 조금 부풀고, 유두의 색깔도 진해져 있을 것입니다. 임신과 함께 늘어난 여성 호르몬과 멜라닌 색소의 분비 때문인데요. 이와 함께 임신 3개월 무렵부터 지독한 변비 증상이 생길 수도 있습니다. 시원하

게 변비약이라도 먹고 싶은데, 아기를 가진 엄마이니만큼 약물 복용
에 대해 예민하지 않을 수도 없으니….

　변비 증상이 심할 때는 섬유질이 다량 함유된 채소와 과일을 먹
는 편이 훨씬 도움이 됩니다. 또 말린 자두로 만든 푸룬(prune) 주스
를 찾아 마시는 것도 하나의 방법이 될 것입니다. 건강한 몸과 편안
한 마음으로 임신 초기를 무사히 보낼 수 있길 바랍니다.

태명을 지어주세요!

　엄마의 몸과 마음을 편안하고 행복하게 달래주는 태교. 그래서 태
교는 임신 초기에 하는 것이 더욱 더 중요합니다. 혹시 배 속 아기에
게 태명을 지어주었나요? 임신 기간은 물론 나중에 아기가 태어나
서도 한참 동안 부르게 될 이름이 바로 태명인데요. 아직 태명을 짓
지 않았다면, 바로 지금 엄마의 아기 천사에게 이름을 붙여주기로
합시다.

　태명을 부를 때마다 엄마는 아기 엄마가 된 사실을 거듭 확인하며
행복감과 책임감을 느낄 수 있답니다. 김춘수 시인의 「꽃」이라는 시

에 이런 구절이 나오지요. '내가 그의 이름을 불러 주었을 때 그는 나에게로 와서 꽃이 되었다.'

엄마에게 찾아온 소중한 꽃 한 송이를 위해 뜻깊고 사랑스러운 이름을 꼭 붙여주세요!

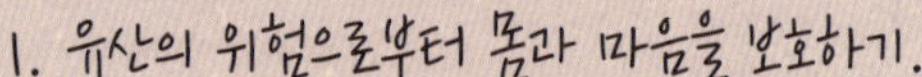

엄마가 할 수 있는 일

1. 유산의 위험으로부터 몸과 마음을 보호하기.
2. 섬유질 섭취를 늘려 변비를 예방하기.
3. 입덧을 '임신 사실을 확인하는 즐거운 이벤트'라고 생각해보기.
4. 한여름에 군고구마를, 한겨울에 복숭아를 찾는다 해도 '임신 기간을 기념하기 위한 특별한 이벤트'라고 생각해보기.

우리 아기 태명, 어떻게 지어주면 좋을까 많이 고민되시지요?

근사하게 지어보자니 떠오르는 것이 없고,

그렇다고 어디서나 들어봤을 흔한 태명은 더욱 싫고….

물론 태명을 짓는 특별한 방법이 있는 것은 아니랍니다.

그래도 이름 자체만으로도 조금은 의미 있고, 또 부를 때마다

엄마, 아빠를 행복하게 해주는 태명을 지을 수 있다면

마다할 리 없겠지요? 우리 아기만을 위한 특별한 태명을 짓기 위해

몇 가지 힌트를 떠올려보기로 해요.

아기가 생기게 된 과정
엄마, 아빠의 사랑과 간절함을 떠오르게 하다

신혼여행 때 생긴 아기, 결혼 전에 생긴 아기,

계획 없이 찾아온 아기, 간절히 바란 끝에 생긴 아기….

엄마들마다 아기가 생기게 된 이유와 과정은 제각각일 것입니다.

그 과정이 참 재미있어서 그것을 부각시켜

태명을 짓는 경우가 많습니다.

신혼여행지 몰디브에서 생긴 아기는 몰디,

엄마, 아빠의 일본 여행 중 생긴 아기는 동경이,

갑작스레 생긴 아기는 깜이,

아기가 안 생겨 오랜 시간 기다린 끝에 찾아온 아기는

꿈이, 소망이, 희망이….

이렇게 지은 태명들은 그것을 부를 때마다

엄마, 아빠의 사랑과 간절함을 떠오르게 해줄 것입니다.

★ 몰디, 동경이, 북경이, 런던이, 발리, 깜이, 꿈이, 소망이,
   희망이, 소원이…

아기가 갖는 의미
아기의 소중함을 간직하게 하다

우울한 그림자가 가득 드리웠던 집안에

어느 날 아기가 생긴다면?

아기의 엄마, 아빠는 물론 할머니, 할아버지, 이모, 삼촌

모두 반가워하고 기뻐할 것입니다.

이때 아기의 태명은 축복이, 행복이, 영광이 혹은

로또 등으로 짓곤 하는데요.

혹시 태명을 짓기가 어렵다면 지금 엄마에게

우리 아기가 갖고 있는 소중한 의미를 한번 떠올려보세요.

아기는 엄마에게 알콩이, 달콩이일 수도 있고

선물이, 은총이, 사랑이일 수도 있습니다.

엄마에게 선물과도 같은 아기의 태명을

계속해서 부를 때마다 엄마의 마음속에는

아기에 대한 소중함이 새록새록 자라날 것입니다.

⭐ 축복이, 행복이, 영광이, 알콩이, 달콩이, 선물이, 은총이,
   사랑이, 로또, 행운이…

아기에게 주고 싶은 가치
부모로서의 자존감과 책임감을 깨닫다

앞으로 우리 아기는 어떤 모습으로 자라날까?

과연 어떤 사람이 되면 좋을까? 일명 '엄마 마음'이라고도 하지요.

아기를 위해서라면 무엇이든 해줄 수 있을 것 같은 마음, 아기를

최우선으로 생각하는 마음. 아기가 자라는 동안 꼭 갖추었으면 하는

가치, 아기에게 꼭 심어주고픈 가치를 태명으로 지어보세요.

가령 사람들에게 친절하고 잘 베푸는 아이로 자라주었으면 한다면

나눔이, 베풂이 혹은 아름다운 봉사 정신을 가졌던 유명인의 이름을 따라

오드리(오드리 헵번), 테레사(마더 테레사) 등으로 지을 수 있습니다.

또 아기가 장차 이러이러한 꿈을 가진 사람으로 자라주었으면 하는

마음을 표현하고 싶다면 슈바이 최(의사 슈바이처),

호날돌이(축구선수 호날두), 오프라(토크쇼 진행자 오프라 윈프리)

등으로 지을 수도 있을 것입니다.

태명을 부를 때마다 우리 아기가 꼭 그렇게 자라주었으면 하는

마음과, 아기가 그 꿈을 이룰 수 있도록

열심히 응원하고 지원해주고픈 마음을 깨달을 수 있을 것입니다.

⭐ 나눔이, 베풂이, 노아, 천사, 오드리, 테레사, 슈바이 최, 호날돌이,

　오프라…

짧다면 짧고 길다면 길게 느껴지는 임신 기간 10개월.

이 기간 내내 마냥 우울하고 따분하기만 하다면 정말 슬프겠지요?

비록 임신 전과 달라진 몸과 마음 때문에

예전처럼 아무 곳이나 편하게 걱정 없이 다닐 수 있는 것은

아니지만, 그래도 아기를 가졌기에 깨달을 수 있는

행복과 즐거움도 결코 적지 않을 것입니다.

엄마는 물론 가족을 즐겁게 해주고,

그래서 자꾸만 더 부르고 싶어지는 태명은 없을까요?

어떤 엄마는 계획 없이 갑작스레 찾아온 아기에게

'한방이'라는 태명을 붙여주었습니다.

처음에는 '에이'하고 고개를 갸웃거렸지만,

생각해볼수록 재밌고 귀여운 이름이었습니다.

아빠의 승진하고 싶은 마음을 한껏 대변한 아기의 태명은

바로 '김 과장'이었습니다!

★ 한방이, 뜬금이, 쑥덕이, 꽁냥이, 엄친아(엄마 친구 아들),

　브레드 홍(브레드 피트), 샤넬이, 김 과장…

반짝반짝
등불을 밝힌 아기

서울 강서구 깜이 엄마의 이야기

"세상에, 말도 안 돼!"

말도 안 되는 일이라…. 셋째 아이의 소식은 정말 말도 안 되는 드라마의 결말처럼 찾아왔습니다. 그날은 밤새 둘째 아이가 장염에 시달리며 아파하던 다음날이었습니다. 둘째 아이는 아프다며 칭얼대고 큰 아이는 혼자 어린이집에 가기 싫다며 투정하고 있는 중이었지요. 간밤에 잠을 설쳤던 탓인지 엄마는 머리가 지끈지끈 아팠습니다.

이럴 때는 가까이 사는 친정어머니가 조금 도와주면 좋을 텐데, 한지공예 작가인 어머니는 요즘 전시회 준비로 한창 분주했습니다. 간신히 어르고 달래 둘째 아이를 유모차에 태우고 큰 아이 손을 잡은 채 집을 나서는데 순간 눈앞이 아찔함을 느꼈습니다. 엄마는 한순간 눈이 먼 것처럼 앞이 까맸다고 했습니다.

'정말 이렇게 지내다가는 푹 쓰러지고 말 것 같아.'

울적한 기분이 엄마의 마음을 가득 채웠습니다. 큰 아이를 어린이집에 데려다주고 작은 아이 소아과 검진을 마친 뒤 힘겹게 유모차를 끌며 집으로 향했습니다.

엄마는 문득 자궁암 정기 검진 시기가 지났다는 사실을 알았습니다. 힘들어서 한시라도 빨리 집에 들어가 쉬고 싶은 생각이 간절했지만 검진 시기를 지나칠 수도 없었습니다. 엄마는 유모차에서 잠든 둘째 아이를 보며 그나마 다행이라는 듯 안도의 한숨을 내쉬었지요. 이윽고 산부인과 의사 선생님을 만났는데….

"축하합니다. 임신이에요!"

"네? 임신이요?"

오, 세상에…. 엄마는 귀를 의심했습니다. 잘못 들은 게 아닌가 싶어 귀를 만지작거리기도 했습니다. 이번에는 눈앞이 하얗게 변했다고 해야 맞겠지요. 엄마는 순간 멍해지고 말았습니다. 셋째 아이 소식임에도 큰 아이 소식을 알려줄 때처럼 똑같이 축하해주는 의사 선생님, 세 번째 받아보는 것임에도 시험 성적표를 받을 때처럼 똑같이 떨리기만 한 아기 수첩…. 엄마는 생각을 정리했습니다.

'이제 어떡하지? 애들 아빠가 알면 뭐라고 할까? 어머니는 아이고 아이고 소리만 하시겠지? 이 달에 해야 할 일도 잔뜩 쌓였는데…. 아아, 이제 어떡하지?'

엄마의 발걸음은 무작정 친정어머니 집으로 향했습니다. 어느새 잠에서 깨어난 둘째 아이가 엄마를 향해 웃고 있었습니다. 밤새 보채고 난 후 조금 나아졌는지 보름달처럼 환한 얼굴을 하고 있었지요. 엄마는 유모차를 세우고 아이를 안고는 토닥토닥 등을 두들겨 주었습니다. 친정어머니 집에 도착하기까지 엄마는 누구에게도 전화하지 않았습니다. 어떻게 소식을 알려야 할지 충분히 고민하고 싶었으니까요.

어머니는 전시회의 마지막 작품을 마무리 짓고 있는 중이었습니다. 어릴 적 마당에 있던 것처럼 커다란 감나무 작품이었습니다. 겹겹이 쌓은 종이가 40겹이 되어야 비로소 고운 자태를 드러낸다는 한지공예. 어머니의 손은 밤새 반복되었을 풀 작업 때문에 새카맣게 얼룩져 있었습니다.

그 손에는 잘 익은 감처럼 동그랗고 탐스러운 등 두 개가 들려 있었습니다. 어머니가 두 번째 등을 막 달았을 때 엄마는 혼잣말을 하듯 나지막한 목소리로 고백했습니다.

"엄마, 저 셋째 가졌대요."

엄마의 말이 어머니에게는 어떤 소식으로 들렸을까요?

어머니는 큰 소리로 박수를 치며 좋아했습니다. 눈물을 보이면서 말이지요. 아이처럼 좋아하는 어머니를 보며 엄마는 의사 선생님의 말에 조금도 기뻐하지 않았던 자신의 모습이 순식간에 부끄럽게 여겨졌습니다. 어머니는 서둘러 창고로 향하더니 금세 감 모양의 등 하나를 더 꺼내 왔습니다. 마치 기다리고 있던 일처럼 세 번째 등을 달았습니다.

"마침 딱 하나만 더 달면 예쁘겠구나 생각하고 있었어. 이것 보렴,
애야. 정말 반짝반짝 아름다운 나무가 완성됐지 않니?"

그리하여 어머니의 마지막 작품에 붙은 제목은 바로 '세 개의 등
불.' 어머니는 말했습니다. 셋째 아이는 분명 엄마의 인생을 지금보
다도 더 환하게 비춰줄 거라고.

"아이들은 마치 등불 같아요. 어두워 앞이 보이지 않을
때 길을 밝혀주는 등불. 인생을 조금 더 환하게 볼 수 있
게 해주는 등불. 그런 등불이라면 둘이어도 셋이어도 정말
기쁘겠지요?"

생텍쥐페리의 동화, 「어린 왕자」에서

가장 소중한 장미

저 머나먼 우주 어딘가에 B612라는 이름을 가진 별이 있었어요. 집 한 채 크기 정도 되는 아주 작은 별이었지요. 이곳에는 노란 머리카락을 가진, 아주 귀여운 어린 왕자가 살고 있었어요. 어린 왕자는 별을 찾아오는 손님들, 이를 테면 자신이 하늘에서 떨어졌다고 이야기하는 아저씨나 재미있는 모양의 가지를 가진 바오바브 나무들과 친구가 되곤 했어요. 비록 목성처럼 크고 토성처럼 멋진 별은 아니었지만, 어린 왕자의 별은 아기자기한 매력이 넘치는 곳이었지요.

하루는 어딘가에서 작은 씨앗 하나가 날아왔어요. 씨앗은 어린 왕자의 별에 닿자마자 토도독 싹을 틔웠어요. 싹은 무럭무럭 자라서 금방이라도 꽃을 피울 것 같았어요. 어린 왕자는 과연 어떤 꽃이 피어날까, 하고 기대하며 여러 가지 상상을 해보았어요. 바오바브 나무가 아닐까? 연녹색 꽃잎을 가진 꽃일까? 어린 왕자가 기다리고 있는 마음을 아는지 모르는지 꽃은 아주 천천히 피어났어요. 마치 자신이 가장 아름다운 빛을 뽐낼 수 있을 때 피어날 것처럼 단장을 하고 있는 것 같았지요.

마침내 상상했던 것보다 더 곱고 향기로운 꽃이 피어났어요. 네 개의 가시를 가진 꽃은 바로 장미였어요. 어린 왕자는 장미와 금세 친구가 될 수 있었지요. 식사 시간이 되면 물을 뿌려주고, 오후가 되면 벌레를 잡아주고, 바람이 불면 바람막이로 덮어주고, 저녁이 되면 유리 덮개로 씌워주었어요. 장미가 있기에 어린 왕자의 별은 온통 기분 좋은 향기로 가득 찼어요.

그런데 어린 왕자와 장미의 사이가 항상 좋은 것만은 아니었어요. 어린 왕자는 이것저것 계속해서 요구 사항을 말하는 장미가 조금 귀찮게 여겨지곤 했어요. 게다가 자신의 아름다움을 일부러 더 뽐내는 장미의 모습이 겸손하지 않다고 생각하기도 했고요. 며칠째 서로에게 토라진 채 말을 하지 않았던 적도 있었어요.

어린 왕자는 머리도 식히고 새로운 지식도 얻을 겸 별을 떠나기로 결심했어요. 주변에 있는 별들로 여행을 떠나기로 한

거예요. 그는 장미에게 작별인사를 건네고는 바로 일곱 개의 별을 향해 떠났어요. '네가 보고 싶을 일은 없을 거야!' 하는 속마음을 숨기면서 말이지요.

첫 번째 별에는 위풍당당한 모습으로 신하들에게 명령을 내리는 왕이 살고 있었어요. 두 번째 별에는 모든 사람들이 자신을 좋아한다고 믿는 사람이, 세 번째 별에는 매일같이 술독에 빠져 사는 사람이, 네 번째 별에는 어린 왕자를 맞이할 틈도 없을 만큼 바쁜 장사꾼이, 크기가 아주 작은 다섯 번째 별에는 가로등을 껐다 켜기를 반복하는 사람이, 여섯 번째 별에는 지리학을 공부하는 노인이 살고 있었지요. 여섯 개의 별을 여행하는 동안 어린 왕자는 정말이지 장미 생각을 까맣게 잊었는지도 몰라요.

그러고 나서 도착한 마지막 별, 바로 지구였어요. 수많은 사람들과 삐죽삐죽한 산, 깊고 푸른 바다가 있는 신비로운 별이었지요. 어린 왕자는 곧바로 지구 곳곳을 돌아다니기 시작했어요. 그러던 중 우연히 예쁜 장미꽃들을 만난 날이 있었는데….

"내 장미처럼 아름다운 꽃은 없을 거라고 생각했었는데!"

어린 왕자는 정원 가득 피어 있는 장미꽃들을 보며 깜짝 놀랐어요. 그제야 별에 두고 온 장미를 생각했고요. 그는 자기가 세상에 하나뿐인 장미를 가졌다고 생각했는데, 자기의 장미와 똑같은 꽃들이, 그것도 5,000송이가 넘게 피어 있는 모습을 보며 슬픔에 빠지고 말았어요.

아마 여우를 만나지 못했다면 어린 왕자는 내내 슬픔 속에서 헤어나지 못했을지도 몰라요. 어린 왕자는 여우에게 친구가 돼달라고 보챘어요. 그러자 여우는 고개를 한 번 갸웃 움직이고는 이렇게 말했어요.

"나를 길들여준다면 나는 너의 친구가 될 수 있을 거야."

길들인다? 어린 왕자는 길들인다는 말을 얼른 이해할 수 없었어요. 하지만 시간이 지나면서 그것이 서로가 서로에게 소중한 존재가 되어가는 과정이라는 사실을 알게 되었지요. 그때쯤 어린 왕자는 깨달았어요. 자신의 장미 역시 자신에게 길들여져 있다는 사실을, 자신 역시 장미에게 길들여져 있다는 사실을!

여우와 친구가 된 후, 어린 왕자는 다시금 정원 가득 피어 있던 장미꽃들을 찾아 갔어요.

"너희들은 내 장미와 닮지 않았어. 아름답긴 하지만 텅 비어 있거든. 그건 우리가 아직 길들여져 있지 않다는 말과 같아. 내가 물을 주고 바람막이로 덮어주고 유리 덮개를 씌워줄 수 있었던 건 바로 나의 장미이기 때문이야."

어린 왕자는 언젠가 여우가 들려주었던 말을 떠올렸어요.

"네가 장미를 위해 길들인 시간이 네 장미를 가장 소중한 꽃이 되게 하는 거야. 너는 네 장미에 대해 책임이 있는 거지. 잊지 마. 너의 장미는 세상에 오직 하나뿐이야. 그리고 또 하나. 이 세상에서 가장 중요한 것은 절대 눈에 보이지 않아."

무슨 뜻인지 다 알 수는 없지만, 어린 왕자는 여우의 말을 꼭 기억해야겠다고 생각했지요. 아, 이제 발걸음을 조금 서둘러야 했어요. 눈에 보이지 않는 중요한 것, 서로서로 책임감을 가지고 길들인 것, 그 소중한 것을 만나기 위해 B612로 돌아가야 했으니까요.

태명 문패 만들기

너를 부를 때마다

아기에게 태명을 지어주었나요? 아직 부르고 있는 태명이 없다면 지금이라도 태명을 지어보기로 해요. 태명을 부르면 자연스레 아기의 존재를 확인할 수 있는데요.

'아, 내가 엄마가 되는구나!' '니는 우리 아기의 아빠지!' 이렇게 아기의 존재를 확인하는 행위는 곧 엄마랑 아빠 자신의 존재를 확인하는 것이기도 하거든요. 태명을 부를 때마다 엄마랑 아빠는 부모로서의 책임감과 행복감을 절로 느끼게 될 거랍니다.

준비물

가로 15cm × 세로 10cm 크기의 딱딱한 종이, 색깔이 다른 색종이 두 장, 딱풀, 가위, 굵기가 굵은 매직, 펀칭이나 송곳, 털실 같은 얇은 끈. 리본 끈

      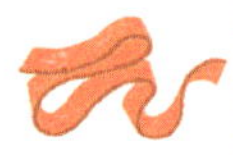

1 하드보드지나 두꺼운 도화지를 준비해서 가로 15cm × 세로 10cm 크기로 잘라주세요. 더 크게 해도 좋아요. 이때 가위에 손이 다치지 않도록 주의!

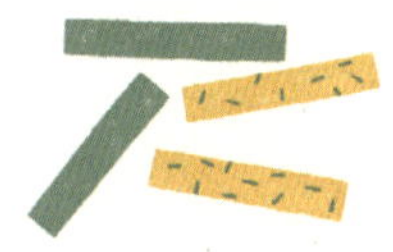

2 색종이를 길이는 그대로, 폭은 2cm로 네 개를 잘라주세요. 두 가지 이상으로 다르게 하면 더 예쁘게 장식할 수 있어요.

3 잘라둔 색종이를 길이로 반절 접어주세요. 그런 다음 풀칠을 해서 ①번 종이의 테두리를 감싸듯이 붙여주세요. 길이가 짧은 쪽의 남는 색종이는 가위를 이용해서 잘라주면 돼요.

4 이제 가족의 이름을 써보기로 해요. 아기의 태명이 '꿈이'라면 '꿈이네'와 같이 써주면 되지요.

5 이제 펀칭이나 송곳을 이용하여 종이의 윗부분에 구멍을 두 개 뚫어주세요. 끈을 끼우기 위한 것이니 구멍 크기가 너무 크지 않아야 해요.

6 두 개의 구멍에 얇은 끈을 끼워서 고리를 만들어주세요. 이제 리본 끈을 이용하여 두 개의 구멍에 리본 장식을 하나씩 달아주기만 하면 완성!

*엄마랑 아빠가 가장 자주 이용하는 방문 앞에 문패를 달아주세요. 가족의 이름이 적힌 문패를 볼 때마다 아기 이름을 한 번씩 더 불러보기로 해요.

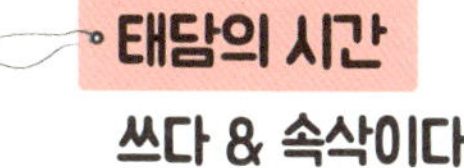

엄마의 빛, 따뜻함

달빛이 달래주네

오늘 엄마의 하루는 어땠나요?

아기와 함께 걸으며 빽빽하게 보낸 하루가 끝나갑니다.

슈웅슈웅 속력을 내는 자동차들과

알록달록 빛을 뿜내는 상점들,

삐죽삐죽 솟은 빌딩의 숲을 지나

동글동글 동그랗게 자리한 보금자리로 향하는 시간.

정말 다행한 일은 빌딩보다 높이 뜬 저 달만은

언제 어느 곳에서든 볼 수 있다는 사실입니다.

바로 오늘 밤,

달빛이 엄마와 아기를 비추고 있군요.

바로 지금 하늘을 바라보세요!
하늘 높이 뜬 달이 엄마와 아기를 비추는 동안
달을 향하여 날마다 다짐해 온 엄마의 소망도
밤하늘을 비출 것입니다.

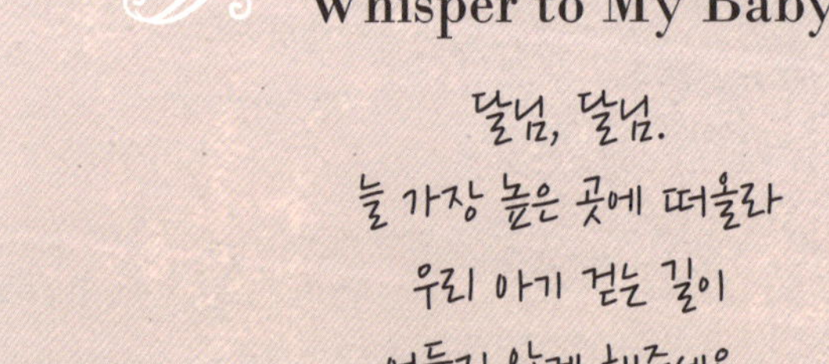

임신 3개월, 우리에게 일어난 일

우리 아기 소식을 듣고 가장 기뻐한 분은 누구였나요?
우리 아기 태교를 위해 준비한 선물이 있나요?

네가 있다는
사실이 놀라워

네 번째,
아름다운 태교

임신 4개월

엄마에게 띄우는
네 번째 편지

와우! 엄마는 무사히 임신 초기를 이겨냈습니다! 입덧은 좀 어떤 가요? 지난달보다 많이 완화되지 않았나요?

이제 대체적으로 몸과 마음이 안정 단계에 접어드는 임신 중기를 맞이하였습니다. 이때쯤 배 속 아기는 키는 15*cm*에 가깝게 자라고, 몸무게도 120g 정도로 늘어난답니다. 내장 기관이 발달하고 피부도 보송보송한 솜털로 덮이기 시작하지요.

병원에서는 아기의 기형아 여부를 알아보기 위해 혈액 검사를 진행할 텐데요. 검사 결과에 따라 양수 검사를 추가적으로 받게 될 수도 있습니다. 만일 검사 결과가 좋지 않을 경우 의사와 상담하여 대비할 수 있는 방법을 찾아야 할 것입니다. 기형아 검사를 받을 때쯤 엄마는 아기의 성별을 알 수 있을지도 모릅니다. 요즘은 옛날과 많이 달라져서 병원에서 먼저 아기의 성별을 넌지시 일러주는 경우가 많지요.

과연 엄마가 만날 아기 천사는 멋진 왕자님일까요, 아름다운 공주님일까요? 아기의 심장 소리를 들을 때처럼 가슴이 두근거리는 순간입니다. 혹 기형아 검사 결과가 좋지 않더라도, 아기의 성별이 예상과 다르더라도 엄마가 지나치게 실망하거나 우울해하는 일은 없었으면 좋겠습니다. 임신 기간 중 엄마가 앓았던 우울증은 아기 천사에게도 대물림될 수 있다고 합니다. 잊지 마세요. 매일같이 훌쩍이고 슬퍼하는 엄마의 배 속보다는 되도록 많이 웃고 즐거워하는 엄마의 배 속이 아기 천사에게 훨씬 더 편안한 보금자리가 되어줄 거라는 사실을.

태교 다이어리를 시작해보세요!

요즘은 많은 예비 엄마들이 산부인과나 각종 문화센터, 보건소 등에서 진행하는 태교 프로그램을 찾고 있지요. 시간적, 경제적인 여유가 된다면 엄마에게 맞는 프로그램을 이용함으로써 즐거운 태교 시간을 가질 수 있을 것입니다.

하지만 여러 가지 사정 때문에 태교 프로그램을 이용할 수 없는 상황이라면, 엄마만의 방법으로 태교를 시작해보세요. 태교 다이어리를 쓰는 일도 좋은 방법 중 하나인데요. 매번 근사한 글을 써야겠다고 마음먹으면 아마 한 달도 채 되지 않아 포기하고 말 테니, 소소하게 메모해두는 정도로 쓰는 편이 좋습니다.

이 책 속에도 매 달마다 태교 다이어리를 쓸 수 있는 부분을 마련해 두었답니다. 임신 기간 엄마가 보고 듣고 느낀 아기자기한 이야기들을 적어보세요. 훗날 엄마의 아기 천사에게 뜻깊은 선물이 되어줄 것입니다. "아기야, 네가 엄마 배 속에 있을 때 엄마에게는 이런 일들이 있었단다!"

엄마가 할 수 있는 일

1. 입덧 때문에 부족해졌던 영양소 보충하기.
2. 철분제 복용하기.
3. 기형아 검사 받기.
4. 아기의 성별을 알게 되는 순간을 즐겁게 생각하기.
5. 분비물이 많을 수 있으니 청결에 신경 쓰기.

아기와의
달콤한 브런치 타임

노랫말처럼 '나의 살던 고향은 꽃피는 산골'까지는 아니더라도 엄마의 고향은 누런 논밭이 이불처럼 펼쳐져 있고, 음머음머 울음을 우는 소들이 때때로 산책을 나오는 농촌이었습니다. 직접 키운 신선한 채소랑 달콤한 과일을 얼마든지 따서 먹을 수 있던 시절은 한 폭의 그림 같았습니다.

결혼을 하고 고향을 떠나 서울에서 사는 동안 엄마는 그림 같던 그 시절이 더욱 아련하게 여겨졌습니다. 끝없이 이어지는 건물에 수없이 쏟아져 나오는 자동차들…. 엄마에게 비친 서울의 풍경은 그저 낯설고 답답하기만 했으니까요. 그렇게 외롭고 막막하기만 했던 신혼 초, 엄마에게 찾아온 임신 소식은 차라리 다행한 일이었을지도 모릅니다.

엄마는 유난히 입덧이 심했습니다. 보통 임신 4개월 무렵이면 입덧도 저만치 물러난다고 하던데, 엄마의 입덧은 물러나기는커녕 4개월이 지나서도 내내 이어졌습니다. 정도도 더 심해져 엄마는 임신 사실이 무색하리만치 살이 쪽쪽 빠지기 시작했습니다. 신 음식이 입덧에 좋다고 해서 레몬을 통째로 갈아 먹어보기도 하고, 견과류가 좋다고 해서 아몬드 한 봉지를 전부 먹어보기도 하였습니다. 결국 입덧을 예방해준다는 링거를 맞아보기도 했지만, 전부 소용없었습니다.

'뭘 먹으면 좀 괜찮아질까?'

엄마는 입에 맞는 음식을 찾기 위해 동네 구석구석 가보지 않은 곳이 없을 정도였습니다. 유명한 맛집을 찾아서 한 그릇을 뚝딱 먹곤 했지만 집에 오면 곧바로 게워내기 일쑤였습니다. 입덧이 이렇게 견디기 힘든 일이라면 다시는 아기 못 갖겠다고 입버릇처럼 푸념을 했지요. 하지만 아무리 힘들어도 배 속의 아기를 위해 끼니를 거를 수는 없었습니다. 엄마는 매 끼니가 전쟁 같았다고 고백하였습니다.

그때쯤 엄마의 입덧 소식이 고향에도 전해졌습니다. 친정어머니는 가까이 있지 못해 챙겨주지도 못한다며 속상해했지요. 그러면서 엄마가 어릴 적부터 좋아했던 곡식이랑 과일들을 챙겨 택배로 보내기 시작했습니다.

"찐 옥수수 좋아했잖아. 옥수수 푹푹 쪄 먹고. 아, 그리고 잣! 임신부한테 견과류가 좋다고 하잖니? 잣 한 봉지 보냈으니까 잣죽 쑤어 먹으려무나. 그리고 그 꿀은 양봉하는 데 가서 내가 직접 사온 거야. 제일 좋은 걸로. 입맛 없을 때 물에 타 먹고 그래, 알았지? 엄마가 가

보지 못해서 미안하다. 지금 한창 바쁜 때라…."

전화기 너머 들려오는 친정어머니 목소리에 엄마는 괜히 눈물만 쏟아놓고 말았습니다. 다 큰 딸 챙겨주지 못하는 게 뭐가 미안하다고 그러실까, 우리 엄마는…. 엄마는 금세 어머니가 보내준 음식들을 맛보고 싶어 안달이 났습니다. 옥수수도 한 솥이나 찌고 잣죽도 한 냄비나 끓였습니다. 따뜻한 물에 꿀차도 타서 먹었지요.

참 희한한 일이었습니다. 엄마는 아무 탈 없이 음식을 먹고 있는 자신이 신기하기만 했습니다. 게다가 엄마는 마치 고향집 마루에 철퍼덕 앉아 있는 것처럼 마음도 편안해짐을 느꼈습니다.

그 순간 엄마에게 아주 기막힌 생각이 떠올랐습니다. 엄마는 언젠가 직접 피자를 만들어보겠다고 사다놓은 토르티야가 생각났습니다. 곧장 냉동실에서 꽁꽁 언 토르티야 한 장을 찾아냈지요. 마늘을 곱게 다지고 옥수수를 한 알 한 알 떼어냈습니다. 잘 달군 프라이팬에 기름을 살짝 두르고 해동한 토르티야를 얹었습니다. 그 위에 꿀을 얇게 펴 바르고 옥수수 알과 잣을 고르게 올린 후, 모차렐라 치즈도 듬뿍 뿌렸습니다.

1분, 5분, 10분…. 이윽고 김이 모락모락 나는 엄마표 피자가 완성되었지요. 거기에 꿀까지 발라 먹으니 유명 식당에서 맛본 고르곤졸라와 다름없었습니다.

엄마는 임신 이후 처음으로 배부른 식사를 했는데요. 게다가 언제 입덧을 했느냐는 듯이 속이 하나도 불편하지 않았습니다. 그 이후로도 엄마는 시골 어머니가 보내준 재료들로 갖가지 음식을 만들어보기 시작했습니다.

음식을 만드는 동안은 고향 생각, 어머니 생각에 행복했고, 음식을 먹는 동안은 나중에 아기와 함께 만들어 먹을 생각에 행복했습니다.

매일매일 엄마만의 달콤한 브런치 타임이 이어졌고, 엄마는 훗날 아기와 함께 이탈리아 음식점을 해보고 싶다는 생각도 했던 것 같습니다.

행복이　**엄마의 쪽지**

"한창 입덧으로 힘드시죠?
그럴 때에는 엄마가 직접 맛있는 음식을 만들어보세요.
기왕이면 엄마의 추억을 되살려주고
엄마를 행복하게 만들어줄 수 있는 음식으로!
입덧은 참고 견뎌야 하는 것이 아니라,
지혜롭게 이겨낼 수 있는 것이더라고요.
엄마의 건강한 임신 기간을 응원할게요."

헤밍웨이의 소설, 「노인과 바다」에서

패배하지 않는 용기

파란 하늘을 퐁당 빠뜨려 놓은 듯한 멕시코 만류의 바닷가에 산티아고 할아버지가 살고 있었어요. 그에게는 마놀린이라는 친구도 있었는데, 마놀린은 바닷물처럼 맑고 푸른 눈을 가진 소년이었어요. 산티아고와 마놀린은 남들이 모두 부러워할 만큼 호흡이 척척 맞는 어부들이었지요. 둘은 수채화처럼 투명한 하늘과 바다를 바라보며 커피를 마시거나 유명한 야구 선수 이야기를 나누며 시간을 보내곤 했어요. 그러면 두 사람도 마치 그림의 한 조각인 것처럼 아름다운 모습으로 물들어갈 수 있었어요.

그런데 사실 산티아고의 마음에는 짙은 검은색의 걱정거리가 있었어요. 그건 바로 언젠가부터 산티아고의 낚싯배에 물고기가 잘 잡히지 않는다는 사실이었어요. 단 한 마리의 물고기도 잡지 못하기를 하루, 이틀, 사흘…. 어느새 84일이란 시간이 흘러가고 말았어요. 마놀린의 부모님은 아들이 더 이상 산티아고와 어울렸다가는 아주 형편없는 어부가 되고 말 거라고 생각했어요. 결국 산티아고와 마놀린은 함께 바다에 나갈 수 없는 처지가 되었지요.

"마놀린은 내 낚시 실력을 믿어주는 친구야. 그래, 그의 믿음이 틀리지 않았다는 것을 보여주고야 말겠어."

85일이 되던 날 새벽, 산티아고는 이렇게 마음을 먹었어요. 자신을 믿어주는 마놀린이 있다면 더 이상 두려울 것도 없었지요. 산티아고는 곧장 낚시 준비물을 챙겨 바다로 나갔어요. 아주 먼 바다, 지금껏 한 번도 나가본 적 없는 저 먼 바다로 말이에요. 그리고 마침내 산티아고는 기다리고 기다리던 낚시에 성공할 수 있었어요. 그것도 그를 태운 배보다 훨씬 커다란 청새치를 낚은 것이었지요. 그는 있는 힘껏 낚싯대를 끌어 올렸어요. 그런데….

산티아고는 배 위에 철퍼덕 쓰러지고 말았어요. 낚싯바늘을 물고 있는 청새치의 힘을 이기지 못하고 그만 낚싯대를 놓치고 만 것이었어요. 온몸의 힘을 다 실어 다시 한번 도전해보았지만 이번에도 실패하고 말았어요. 그의 힘만으로는 청새치를 거두어 올릴 수 없을 것 같았어요.

'이럴 때 마놀린이 함께 있었다면 좋았을 텐데!'

산티아고는 다른 때보다 더 간절히 마놀린 생각을 했어요. 이렇게 덩치가 크고 힘이 센 청새치를 마놀린도 함께 보았다면 얼마나 좋았을까, 하고요. 이제 그는 청새치를 끌어올리는 일은 잊고, 집으로 향할 때

까지 청새치를 안전하
게 잘 데리고 가야겠다
는 다짐을 했어요. 꽁꽁
언 손을 녹여줄 따뜻한
커피 한 잔을 마시고, 어
제의 야구 결과가 정리
된 조간 신문을 볼 수 있

었으면! 오후 늦도록 함께 대화할 수 있는 마놀린을 만났으면!

하지만 얼마 안 있어 산티아고의 기대는 파도의 포말처럼 산산이
부서지고 말았어요. 덴투소 상어가 산티아고의 배에 따라 붙은 것이었
어요. 아주 힘이 세고 잔인하기로 유명한 상어, 덴투소! 청새치의 아가
미에서 흘러나온 피의 냄새를 맡은 것이 분명했어요. 상어는 청새치뿐
만 아니라 산티아고의 배까지 삼켜버릴 것 같은 힘으로 공격해왔어요.
산티아고의 마음은 금세 돛을 잃은 조각배처럼 위태로워졌어요.

'이렇게 먼 바다까지 나오는 게 아니었어. 나 자신을 너무 과신했
던 거라고. 이제 어떻게 해야 하지? 차라리 이 모든 일이 꿈이었으면
좋겠어. 청새치 따위는 잡지 않아도 좋으니까!'

산티아고는 자기 자신이 한심하게 여겨졌어요. 함께 어울렸다가
는 형편없는 어부가 되고 말거라는 마놀린 부모의 말은 틀린 게 아
니었지요. 그의 눈에서 눈처럼 새하얀 눈물이 톡톡 떨어졌어요. 바
로 그 순간 그에게 얼마 전 마놀린이 했던 말이 떠올랐어요.

“멕시코 바다에는 멋진 낚시꾼도 많고 훌륭한 낚시꾼도 많을 거예요. 하지만 산티아고 할아버지는 단 한 분뿐이에요. 제게는 산티아고 할아버지야말로 가장 멋지고 훌륭한 낚시꾼인 걸요.”

그 순간 산티아고는 아침 창가에서 노래하는 산새 소리를 들은 것 같았어요. 머릿속이 상쾌해지고 마음도 한결 가벼워졌어요.

“그래, 사람은 무너지고 죽을 수 있지. 하지만 패배하지는 않아. 사람은 패배하기 위해 태어나진 않았으니.”

산티아고는 용기를 냈어요. 어떻게 해서든 청새치도, 자신의 낚싯배도 모두 지켜내고야 말겠다고 다짐했지요. 그는 곧장 칼을 꺼내 하나의 노 끝에 단단히 붙들어 맸어요. 그리고 여느 때보다 더 힘차게 노를 휘저었어요.

덴투소에게 공격 받은 청새치의 몸에서는 전보다 더 많은 피가 흘러나오고 있었어요. 이제 피 냄새를 맡고 따라 붙은 무법자는 덴투소만이 아니었어요. 갈라노 상어들까지 따라와서 청새치를, 산티아고가 타고 있는 배를 공격했어요. 그럴수록 그는 더 단단히 돛을 고정시키고 키를 조였어요. 그 순간 산티아고는 마을의 수많은 어부들이 떠올랐어요. 그들은 산티아고를 물고기 한 마리 낚지 못하는 형편없는 노인네라고 놀려대곤 했지요.

“희망을 버리려고 했다니! 바보 같은 산티아고! 포기하지 마, 너는 결코 패배하지 않아!”

산티아고는 자기 자신을 향해 큰 소리로 외쳤어요. 청새치를 공격

하고 있는 상어들은 물론 그를 놀린 어부들에게도 들릴 만큼 아주 큰 목소리였어요. 그는 칼을 매놓은 노를 더욱 세게 붙잡았어요. 이제 그의 마음에 두려움이란 존재하지 않았어요. 마놀린에게 들려주고 픈 청새치와 상어 떼 이야기가 그의 마음을 가득 채우기 시작했지요.

'기다려라, 마놀린. 이번에 네게 소개할 물고기는 아주 특별하단 다. 내가 온힘을 다해 지킨 물고기를 함께 봐주지 않겠니?'

멀리 멕시코 만류의 바닷가가 보였어요. 마놀린이 밝혔을지도 모 를 은빛 등불이 산티아고의 배를 비추고 있었고요.

견과류 꿀 피자 만들기

입덧이 지난 후

도저히 아무것도 못 먹을 것만 같았던 입덧 기간은 지나갔나요? 사실 이때는 엄마의 건강과 배 속 아기의 신체 발달을 위해 식사에 더 많은 신경을 써야 하는 시기랍니다. 자, 견과류는 두뇌 발달을 돕고 면역력을 키워주는 식품으로 알려져 있는데요. 오늘 시중에서 편하게 구할 수 있는 재료들로 견과류 꿀 피자를 만들어볼게요. 여기에 생과일 주스까지 곁들인다면 엄마만의 멋진 브런치 시간을 가질 수 있을 거예요.

준비물

토르티야 1장, 모차렐라 치즈, 식용유, 마늘 2~3알, 다양한 견과류, 어린잎 채소 약간, 믹서나 절구, 벌꿀

시작 전! 구운 마늘 준비하기

1 마늘 2~3알 정도를 믹서나 절구에 다져서 준비해주세요. 너무 곱거나 굵지 않게, 중간 굵기 정도로 다져주어야 해요.

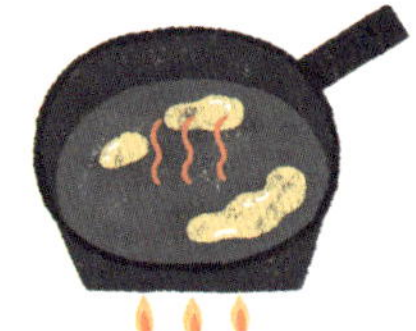

2 가스레인지 약불에 프라이팬을 달군 후, 식용유를 조금 둘러주세요.

3 프라이팬이 뜨거워지면 다져 놓은 마늘을 넣고 구워주세요. 이제 마늘 특유의 아린 맛이 줄어들고 고소하고 단맛이 생길 거예요.

4 마늘이 노릇노릇 구워져서 갈색빛이 되면 준비 완료!

견과류 꿀 피자를 만들어볼까요?

1 달궈진 프라이팬에 토르티야 한 장을 잘 펼쳐서 올려주세요.

2 토르티야 위에 구운 마늘을 토핑해 볼게요. 한 곳에 뭉쳐서 놓이지 않게 고르게 뿌려주세요.

3 이번에는 모차렐라 치즈를 듬뿍 뿌릴 차례예요. 이때 토르티야 가장자리에 2~3cm 정도의 간격을 남겨두고 뿌려야 하는데요. 그렇지 않으면 익는 과정에서 치즈가 토르티야 밖으로 새어나가기 때문이지요.

4 다음으로 잘 씻어서 물기를 없앤 어린잎 채소를 토르티야의 가운데 부분에 살짝 올려주세요. 이때 다양한 견과류와 함께 올려주면 피자의 모양이 한결 예뻐진답니다.

5 이제 프라이팬의 뚜껑을 덮고 가스레인지 불을 약하게 맞춰주세요. 치즈가 녹을 때까지 조리해야 하기 때문에 프라이팬 속이 보이는 유리 뚜껑을 사용하는 것이 좋아요.

6 모차렐라 치즈가 완전히 녹았다면 견과류 피자 완성! 넓적한 접시에 피자를 옮겨 담아볼까요? 마지막으로 숟가락을 이용해 피자 위에 벌꿀을 골고루 발라주세요. 벌꿀을 찍어 먹는 것이 더 좋다면 작은 종지에 따로 담아서 준비해주면 된답니다.

* 혹시 집에 오븐이 준비되어 있다면 프라이팬 대신 접시에 바로 토르티야를 펼치고 재료들을 토핑한 후 오븐에 익히면 돼요. 오븐에서 완성된 피자를 꺼낼 때는 접시가 뜨거울 수 있으니 꼭 주의하셔야 해요.
* 예쁜 접시에 담은 피자를 상큼한 과일에이드, 꽃병, 향초 등과 함께 테이블 위에 세팅해보세요. 오직 엄마와 아기만을 위한 달콤하고 사랑스러운 브런치 시간이 되어줄 거랍니다!

엄마의 존중, 여유

나를 위한 브런치

임신을 했어도, 하물며 입덧이 심한데도

여전히 바쁘게 움직여야 하는 아침 시간.

회사에 가는 남편 혹은 어린이집이나 유치원에 가는 큰 아이를

챙기다 보면 아침 시간은 순식간에 지나가고 맙니다.

"배 속 아기를 위해 임신 전보다 더 잘 먹어야 한단다."

친정어머니의 말씀만 생각하면 한숨이 절로 나오지요.

혹시 엄마가 좋아하는 음악은 무엇인가요?

엄마가 좋아하는 과일은 무엇인가요?

믹서에 간 생과일 주스와 토스터에

살짝 구운 식빵 한 조각을 준비해봅시다.

엄마 스스로를 위하고 존중할 때,

배 속 아기는 더욱 소중한 존재가 된답니다.

엄마 혼자 있는 시간을 소중히 여기세요!
근사한 카페에서 브런치를 즐기는 것도 좋습니다.
오늘은 입덧을 달래줄 만한
상큼한 생과일 주스 한 잔을 주문해볼까요?

Whisper to My Baby

바삭하게 구운 토스트,
따끈하게 데운 우유.
우리 아기가 함께 있어
더 달콤하고 행복한 브런치 타임!

태교 다이어리
Dear My Baby

임신 4개월, 우리에게 일어난 일

우리 아기가 처음으로 움직인 날,
태동을 느낀 날을 기록해보세요!

밤바다 위로
쏟아지는 별, 바로 너

다섯 번째,
아름다운 태교

임신 5개월

엄마에게 띄우는
다섯 번째 편지

이제 엄마의 몸은 임신했음을 알아챌 수 있을 정도로 변화하였습니다. 둥글게 배가 나온 것은 물론 배 위로 갈색의 임신선도 생겼습니다. 배가 나오면서 엄마의 몸 곳곳에는 튼살 자국이 생길 수도 있는데요. 하루하루 달라지는 몸을 보면서 엄마는 조금 우울할 수도 있습니다. 하지만 이렇게 생각해보면 어떨까요? '내 몸이 변하고 있다는 것은 우리 아기가 잘 자라고 있다는 증거다!' 확실히 엄마의 아기는 지난달보다 더 많이 자라났습니다. 키는 20㎝ 가까이 자라고, 몸무게도 200g이 훌쩍 넘게 늘어났으니까요.

혹시 아기의 움직임을 느꼈나요? 몸이 커진 아기는 자꾸 엄마의 자궁벽에 부딪치게 되는데요. 이렇게 아기가 움직일 때 엄마가 느끼는 진동을 태동이라고 하며, 대부분의 임신부가 임신 5개월 무렵 태동을 느낀답니다. 만일 엄마가 태교 다이어리를 쓰고 있는 중이라면,

처음 태동을 느낀 날을 적어두면 어떨까요? '우리 아기 처음으로 움직인 날!' 아마도 엄마와 아기만의 작은 기념일이 되어줄 것입니다.

엄마가 태동을 느끼기 시작하는 임신 5개월. 아기는 바깥의 소리를 듣기 시작합니다. 아침 창가에서 들리는 새들의 노래 소리, 초등학교 담장 너머에서 흘러나오는 종소리, 거실 한편에서 울리는 라디오 소리, 이제 아기도 함께 들을 수 있게 된 것입니다. 엄마는 아기에게 어떤 소리를 들려주고 싶은가요? 분명한 것은 배 속 아기에게 있어서 세상에서 가장 아름다운 소리는 엄마의 목소리라는 사실입니다.

다양한 소리를 들려주세요!

"쿵" 하고 큰 소리가 났을 때 엄마는 배 속의 아기가 놀란 듯 움찔하는 태동을 느낄 것입니다. '세상에, 너도 듣고 있구나!' 하며 엄마 역시 놀랄지도 모르겠군요. 아기는 바깥에서 들리는 소리에 태동으로 반응을 보여줄 것입니다.

만일 아기가 비교적 규칙적인 시간에 태동을 한다면 그 시간을 기억해보세요. 바로 그 시간에 배 속 아기를 향해 소리 내어 책을 읽어주기 위해서인데요. 아기와 대화를 나누고 있다고 생각하고 이런 저런 이야기를 들려주는 것도 좋습니다.

엄마 목소리를 많이 들은 태아일수록 태어나서 엄마 젖을 더 잘 빤다는 연구 결과가 있습니다. 또 소리 내어 책을 읽는 동안 엄마의 마음도 아기와 함께 평온해질 것입니다. 이때 의성어와 의태어가 다양하게 등장하는 전래동화를 읽어준다면 엄마도 아기도 읽고 듣는 재미를 더할 수 있답니다.

엄마가 할 수 있는 일

1. 처음 태동한 날을 기념일로 기억하기.
2. 아기에게 다양한 소리를 들려주기.
3. 튼살 방지 크림 챙겨 바르기.
4. 입덧이 끝난 후 과도하게 늘어난 식욕 조절하기.
5. 옷과 신발은 편안한 것으로.

아기야, 세상은
그림보다 더 아름답단다

경기도 고양시 예나 엄마의 이야기

태교 발레, 태교 요가, 태교 퀼트, 태교 영어, 태교 미술…. 엄마는 문화센터의 태교 강좌 목록을 보며 입이 떡 벌어졌습니다. 이렇게 많은 태교 강연이 있을 거라고는 상상도 못했으니까요.

이제 임신 5개월에 접어들었다, 요 며칠 전 태동이 있었다, 요 시기가 되면 아기가 밖에서 들리는 소리에 귀를 기울인다고 한다, 그래서 나도 태교라는 것을 해야 할 것 같다, 산부인과와 백화점 그리고 마트에 있는 문화센터에서 태교 강연을 조금 알아봐야겠다…. 이렇게 많은 말을 소나기처럼 쏟아놓았을 때 친정어머니는 말했습니다.

"태교가 뭐니, 우리 때는 아기 갖고 한 번, 아기 낳을 때 한 번, 이렇게 딱 두 번 병원에 가면 그만이었는걸."

태교는 그런 것이 아니다, 병원에서 받는 진료 같은 것이 아니다, 요즘 임신한 엄마들은 다 태교라는 것을 한다…, 엄마가 이렇게 긴 말을 이어갔던 이유는 일종의 동의를 얻고 싶었던 때문이었는지도 모릅니다.

"얘! 배 속에 있을 때부터 가르쳐서 똑똑해진다면, 세상에 똑똑하지 않은 아기가 어디 있겠니? 그 쓸데없이 돈 쓸 생각하지 말고 집에서 푹 쉬어. 배도 자꾸 뭉치고 아프다며."

"쳇, 누가 엄마한테 돈 내달라고 했나, 뭐."

푸념을 하려고 했던 건 아닌데, 엄마는 괜스레 서운한 마음이 들어 투덜대며 전화를 끊었습니다. 사실 문화센터의 태교 강좌를 선뜻 신청해서 듣자니 여러 가지 걱정되는 일이 한두 가지가 아니었습니다. 결코 저렴하지 않은 가격도 가격인데다가 평일 낮 시간에 대중교통을 이용해 찾아가야 한다는 것도 적지 않은 부담이었지요.

그런가 하면 아빠와 함께 듣는 태교 강연은 대부분 저녁 늦은 시간에 잡혀 있었는데요. 밤을 꼬박 새워 야간 근무를 하는 아빠에게 회사 일을 빼고 함께 가달라고 조르는 일이란⋯. 휴, 생각만 해도 한숨이 새나왔습니다. 과하게 신경 썼던 탓일까요. 갑자기 배가 딱딱하니 굳어지며 아팠습니다.

엄마는 산책도 할 겸 아파트 단지 내에 있는 놀이터로 나갔습니다. 아기를 안은 엄마, 유모차를 끄는 엄마를 보니 괜히 푸념은 더해졌습니다. '저 엄마들은 다 근사한 태교 강연도 찾아서 듣고 그러겠지? 휴, 우리 아기만 가여워서 어떡하지.' 엄마는 세상에서 자기만큼 딱한 임신부도 없을 거라고 생각했지요.

그때였을까요. 놀이터 앞 화단에 줄줄이 걸려 있는 그림들이 눈에 들어 왔습니다. 유치원 아이들의 그림을 전시해놓은 것이었지요. 엄마는 무심결에 그림들 하나하나를 감상하고 있었습니다. 푸른 하늘, 빨간 태양, 초록 바다를 그린 그림들이 순수하고 아름답게 보였습니다. 엄마는 저도 모르게 혼잣말을 하였습니다.

"아기야, 여기 언니, 오빠들이 그린 그림들 보여? 하늘이 정말 파랗고 태양도 정말 빨갛다. 그렇지?"

엄마는 살며시 배를 어루만졌습니다. 아기에게 들릴 만한 목소리로 혼잣말을 계속했지요. 토끼와 거북이를 그린 그림을 볼 때는 웃음이 푹 쏟아졌습니다. 참 희한한 일은 그림을 보는 동안 딱딱했던 엄마의 배가 말랑말랑 부드럽게 풀어졌다는 사실.

그때를 시작으로 엄마는 종종 그림을 보곤 했습니다. 언제 사다 놓았는지 기억도 나지 않는 샤갈의 화집을 꺼내서 보고, 어릴 적 읽었던 동화책 속에 담긴 그림들을 다시 감상해보기도 했지요. 그림을 보면서 배 속 아기를 향해 말을 거는 일을 잊지 않았습니다. 유리처럼 맑은 이슬, 하얀 양떼가 몰려든 듯한 구름, 이불처럼 하늘을 수놓은 별, 마술사처럼 마을 위를 나는 아저씨를 이야기할 때마다 엄마는 우리 아기도 그림 속처럼 아름다운 세상에서 살 수 있기를 바랐습니다.

따뜻한 바람이 살랑살랑 부는 날은 미술관 나들이를 가기에 안성맞춤이었습니다.

어느새 엄마는 자기 혼자만 그림을 보고 있는 것이 아니라, 배 속의 아기도 엄마와 함께 그림을 보고 있다는 생각을 하게 되었지요. 그리고 그 즈음에는 이러한 시간들이야말로 행복하고 아름다운 엄마만의 태교 시간일 거라고 자신하게 되었고요.

진짜인지 가짜인지 알 수는 없지만, 엄마만의 그림 감상 시간이 시작되고 난 이후부터는 배가 딱딱하게 뭉치거나 아픈 적이 없었다고 합니다. 이보다 더 근사하고 특별한 태교 강연이 과연 있을까요?

예나 **엄마의 쪽지**

"엄마 마음이 행복해지고, 이를 통해 배 속 아기도 건강하게 자랄 수 있게 해주는 시간이 바로 태교의 시간이 아닐까 싶어요.

엄마 자신만의 태교 방법을 찾아보세요. 그보다 더 소중하고 아름다운 태교는 없답니다."

알퐁스 도데의 소설, 「별」에서

천국으로 향하는 별

나는 뒤브롱 산의 한 목장에서 양을 지키고 있는 목동이랍니다. 내가 있는 곳은 사람이 거의 찾지 않는 곳이라, 나는 줄곧 들판에 누워 혼자 지내곤 합니다. 이따금씩 룰룰루 룰룰루 콧노래를 부르면 친구들이 날아와 화답을 하지요. 어떤 친구들이냐고요? 바로 나와 함께 뒤브롱 산의 양과 나무, 꽃들을 지키는 산새들이랍니다.

사실 내게는 산새들 소리보다 더 반가운 소리가 있는데요. 그건 한 달에 두 번, 맛있는 먹을거리를 가득 싣고 오는 주인집 나귀의 방울 소리입니다. 나귀를 끌고 온 꼬마와 노라드 아주머니에게 산 밑에 있는 마을 소식을 들으면 그렇게 즐겁고 반가울 수가 없었지요. 누가 세례를 받았다더라, 누가 결혼을 했다더라…. 물론 그 많은 소식들 중 내가 가장 기다리는 소식은 주인집의 딸, 스테파네트의 소식이랍니다. 내가 아는 한 스테파네트는 이 세상에서 가장 아름다운 아가씨입니다. 그러고 보니 내 나이도 어느덧 스무 살이 되었군요. 나는 이다음에 결혼을 한다면 꼭 스테파네트 같은 아가씨랑 할 수 있었으면 좋겠습니다.

어느 일요일, 그날은 먹을거리를 실은 나귀가 도착하기로 한 날이었는데요. 이상하게도 도착할 때가 한참 지났는데도 방울 소리가 들리지 않았습니다. 해가 휘우듬하게 기울었을 때쯤에야 멀리서 기운이 쪽 빠진 듯한 방울 소리가 울렸습니다. 한달음에 달려 나간 나는 그만 그 자리에 풀썩 주저앉을 뻔했는데요. 나귀를 끌고 온 마차 안에는 내가 그토록 보고 싶어 했던 스테파네트 아가씨가 앉아 있었던 거지요!

아가씨는 백합 잎으로 장식한 것처럼 하얀 레이스 드레스를 입고 있었습니다. 치마가 땅에 닿지 않도록 드레스를 살며시 잡은 채 새처럼 살포시 마차에서 내리는 모습이 보였습니다. 예상대로 꼬마와 노라드 아주머니에게는 갖가지 일이 생긴 모양이었습니다. 아가씨는 한참을 설명한 후에야 내게 먹을거리가 들어 있는 바구니를 건넸습니다. 그러더니만 곧바로 목장 곳곳을 살피더니 새삼 이렇게 묻는 것이었지요.

"목동 아저씨, 아저씨는 항상 여기에 혼자 있는 거예요? 혼자 있으면 많이 심심할 텐데!"

아가씨의 말에 나는 한 마디 대답도 못하고 두 볼이 빨갛게 물들고 말았습니다. 실은 '아가씨 생각을 하면 하나도 심심하지 않아요.'라고 대답하고 싶었지만 말이지요. 아가씨 눈에는 목장에 있는 모든 것들이 신기하기만 했나 봅니다. 아가씨는 쉼 없이 물었습니다. 그 모습이 얼마나 천사 같이 예쁘게만 보이던지!

　아가씨는 곧 빈 바구니를 들고 목장을 떠났습니다. 나는 아가씨를 태운 마차가 비탈진 길에서 안 보이게 될 때까지 밖을 바라보았습니다. 아직도 내 심장은 아가씨와 함께 있을 때처럼 콩닥콩닥 뛰고 있는 것이 분명했지요. 해가 푸른 산속으로 떨어져 숨을 때까지 나는 꿈을 꿀 때처럼 행복한 모습이 되어 있었습니다.

　그런데 그날 밤 생각지도 못했던 일이 일어나고 말았습니다. 아가씨가 떠나고 나서 금방 소나기가 쏟아졌는데, 그 결에 소르그 강물이 넘치고 길이 막혔던 것이었지요. 아가씨를 태운 마차는 이도저도 못하고 결국 내가 있는 목장으로 되돌아왔습니다. 자세히 보니 아가

씨의 레이스 드레스가 군데군데 빗물에 젖어 있었습니다. 아가씨는 많이 놀란 아기처럼 훌쩍이고 있었고, 나는 그런 아가씨를 얼른 달래주고 싶었습니다.

나는 조금 분주해졌습니다. 아가씨가 안심하고 쉴 수 있게 하려면 이것저것 준비할 것이 많았습니다. 난로에 불을 지피고 모피를 겹쳐서 따뜻한 잠자리를 만들었습니다. 아가씨가 먹을 만한 수프도 끓이기 시작했지요. 그러는 사이 차츰차츰 찾아온 어둠이 온산을 가득 채웠습니다. 마침 별똥별 하나가 목장 저편으로 떨어지고 있을 때였습니다.

"어머, 저게 뭐예요?"

아가씨가 잠자리에서 나오며 물었습니다. 아무래도 잠자리가 낯설고 불편했던 모양입니다. 아가씨는 별똥별을 가리키고 있었습니다.

"아, 저건 별똥별이라고 하는데요. 우리 목동들은 저 별을 천국으로 향하는 영혼이라고 부른답니다."

나는 처음으로 아가씨에게 자신에 찬 목소리로 대답했습니다. 별에 대해서는 나도 얼마든지 알고 있었으니까요. 게다가 오늘따라 유난히 많은 별들이 하늘을 가득 채우고 있었지요.

"저렇게 별이 많은데, 아저씨는 저 별들의 이름을 다 알고 있는 거예요?"

"그럼요, 아가씨! 한번 들어보실래요?"

나는 은하수부터 시작해서 오리온, 시리우스, 마그론느, 풀레이아

드 같은 별들을 소개했습니다. 그때마다 별들은 아가씨와 내가 준비한 파티에 초대된 손님처럼 잠깐씩 반짝하고 빛났습니다. 아가씨에게 별들을 소개하는 동안 나는 문득 자랑스러운 마음이 들었습니다. 소나기가 소르그 강물을 삼키고 어둠이 뒤브롱 산을 휘감은 이 밤, 스테파네트 아가씨를 지키고 있는 사람이 바로 나 자신이라는 사실이 얼마나 뿌듯했는지!

　아가씨는 별 이야기가 채 끝나기 전에 내 어깨에 기대어 잠이 들었습니다. 나는 아가씨가 깨지 않도록 꼼짝 않고 그대로 멈춰 있었지요. 문득 저 많은 별들 중 가장 아름답게 빛나는 별 하나가 그만 길을 잃고 내 곁에 와 잠들어 있다는 생각이 들었습니다. 그것은 아마도 천국으로 향하는 별!

네게 보여주고픈 아름다운 세상

"엄마, 이 세상에서 가장 아름다운 건 뭐예요?" 먼 훗날 언젠가 아기가 이렇게 묻는다면 엄마는 어떤 대답을 해주고 싶은가요?

솜사탕 같은 구름 머플러를 두른 산등성이, 진주알 같은 자갈들이 곱게 깔린 냇물 속, 아장아장 살포시 걸음마를 걷는 아기의 모습! 아기에게 보여주고픈 아름다운 세상을 엄마가 직접 색칠해보기로 해요. 아기 방에 걸어두고 볼 때마다 그림 내용을 설명해준다면, 그 자체만으로도 정말 아름다운 태담 시간이 될 거랍니다.

준비물

컬러링 도안(혹은 머메이드지),
24색 이상의 색연필,
액자

1 먼저 그림을 선정해야 해요. 시중에 판매되는 컬러링북을
가지고 있다면 그 중 엄마 마음에 쏙 드는 그림을 하나
골라 잘라내어 주세요. 요즘엔 인터넷을 통해서도 컬러링
도안을 구할 수 있는데요. 프린터를 이용하여 도안을 인
쇄하고자 할 때는 되도록 머메이드지처럼 도톰한 두께의
용지를 사용하는 것이 좋답니다. 참! 그림은 어렵지 않은
것으로 선택해주세요. 어렵고 복잡한 그림은 엄마로 하여
금 부담감과 스트레스를 느끼게 할 수 있습니다.

2 선정한 그림에 맞는 액자를 준비해주세요. 프린터를 이
용하여 인쇄한 도안은 대개 A4 용지 크기인 경우가 많으
니, 액자 역시 A4 크기로 준비해야 해요. 도안과 함께 액
자를 먼저 준비하는 이유는, 나중에 컬러링을 모두 끝낸
뒤 그림에 맞는 액자를 구하지 못할 수도 있기 때문이지
요. 반드시 그림과 꼭 맞는 크기의 액자를 준비해주세요.

3 그럼 도안에 엄마만의 색을 입혀볼까요? 컬러링을 할 때
가장 고민되는 일이 색상 선정이라고 하는데요. 어떤 색
으로 칠할까, 하고 고민하는 일이 엄마에게 스트레스를
주지 않도록 해야 해요. 가장 좋은 방법은 그림과 비슷한
장면을 실제로 보고 있다고 상상해보는 거예요. 엄마가
그림과 함께 하나가 되었을 때 비로소 엄마만의 아름다
운 세상을 색칠할 수 있답니다.

4 컬러링을 하는 동안 가장 중요한 한 가지! 바로 배 속 아
  기와 태담을 나누는 일입니다. 색을 고르고 칠하는 동안
  아기와 대화를 나눠보세요!

  - "아기야, 여기 해님이 보이지? 우리 아기도 해님처럼
    온 세상을 비춰주는 빛이 되어주렴."
  - "아기와 엄마의 모습이 정말 보기 좋다. 몇 년 후 우리
    의 모습을 보는 것 같아."
  - "아기야, 여기는 어떤 색으로 칠해볼까? 우리 아기가
    엄마에게 가르쳐줄래?"
  - "엄마는 어릴 때 색칠하기를 정말 좋아했어. 특히 예쁜
    공주님을 색칠할 때 가장 즐거웠지. 나중에 우리 아기
    하고도 함께 색칠할 수 있었으면 좋겠다."

5 그림이 완성되었나요? 그럼 그림 뒷면에 색칠한 날짜와
  장소, 그림과 관련해 아기에게 들려주고픈 짧은 메시지
  를 적어보세요. 이제 누구도 대신할 수 없는 엄마와 아기
  만의 그림이 되어줄 것입니다.

6 그림을 액자에 끼우고 아기 방 한쪽 벽에 걸어주세요. 적
  당한 선반이 있다면 살짝 올려두어도 괜찮아요. 아기 방
  에 들어올 때마다, 그림을 볼 때마다 아기와 대화를 나눠
  보세요. 그리고 이 기도를 잊지 않기로 해요. "우리 아기
  가 살게 될 세상은 그림 속 세상보다 훨씬 더 빛나고 아
  름답길 바란다."

*컬러링 도안 대신 엄마가 직접 그림을 그려봐도 좋아요. 화가처럼 잘 그려야 한다는 부담감
 은 떨쳐내고, 아기에게 아름다운 이야기를 들려주기 위해 삽화를 그리듯이 그려보는 거예
 요. 아기를 향한 소중한 마음을 갖는 순간, 엄마는 이미 아기만을 위한 훌륭한 화가랍니다.

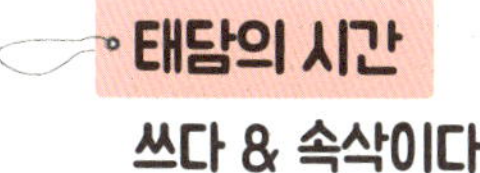

배려, 감사, 행복

엄마와 아기가 행복한 나라

안데르센이 태어난 나라, 레고가 만들어진 나라,

세계에서 국민의 행복지수가 가장 높은 나라.

과연 무엇이 그들을 행복하게 할까?

안데르센의 동화책에서 튀어나온 것처럼 예쁜 집과 나무들,

거리에서 만난 낯선 이방인에게도 반갑게 인사를 건네는 사람들.

하지만 이보다 더 아름다운 가치는….

아기와 엄마의 편안한 여행을 위해

모든 기차마다 마련된 '유모차 전용' 칸.

유모차가 오르고 내릴 때마다

자신의 아이를 대하듯 기꺼이 도와주는 사람들.

모든 어른들이 모든 아기의 엄마이자 아빠가 되는 나라,

언젠가는 꼭 우리 아기와 함께 찾고 싶은 나라, 바로 덴마크였습니다.

임신 안정기에 들었다면 태교 여행을 떠나보세요!
몸과 마음에 무리를 주지 않는 곳이라면 어디든 좋습니다.
훗날 우리 아기와 함께 다시 찾고 싶은,
아기자기한 이야기들이 가득한 곳이라면 더욱 좋겠지요?

Whisper to My Baby

눈이 부시도록 아름다운 경치를
언젠가는 우리 아기와 함께 볼 수 있기를.
태교 여행을 떠난
엄마, 아빠가.

태교 다이어리
Dear My Baby

임신 5개월, 우리에게 일어난 일

우리 아기와 함께 떠나는 태교 여행!
여행지에서 보고 듣고 맛보며 즐긴 모든 것,
여행지에서 찍은 사진을 이곳에 남겨보세요.

엄마 따라
웃어 볼래,
스마일 스마일!

여섯 번째,
아름다운 태교

임신 6개월

엄마에게 띄우는
여섯 번째 편지

몸도 마음도 평온해진 임신 중기를 보내고 있는 엄마. 키가 30㎝에 달하도록 자라고 몸무게도 600g에 가깝게 자라난 아기 덕분에 엄마의 배는 수박만큼 불어났을지도 모릅니다. 배가 많이 나오고 걷는 것도 조금 불편해졌지만, 이상하게도 임신 초기에 비하면 한결 편안하지 않은가요? 먹는 것도 편안해지고 태동도 자연스러워지고….

이제 무슨 일이든 다시 해볼 수 있을 것 같은데, 도리어 주변 사람들이 걱정하고 말리지는 않는가요? "임신했는데, 조심해야 하지 않겠어?" 때에 따라 엄마는 임신 중기를 조금은 지루하게 느낄 수도 있습니다. 하지만 방심은 금물. 임신 중기 중 엄마는 임신중독증에 걸리지 않도록 조심해야 합니다.

임신중독증은 임신 기간 중 고혈압과 단백뇨, 부종을 일으키는 증상을 말하는데요. 임신중독증의 원인은 아직까지 뚜렷하게 밝혀지지 않았습니다. 임신중독증이 심해지면 두통과 복통, 시력 감퇴, 신장 기능 이상 등의 증상이 나타날 수 있으며, 배 속 아기의 건강까지도 해칠 수 있으니 각별히 유의해야 합니다. 급격하게 체중이 증가하거나 다리가 자주 붓는다면 병원에서 임신중독증 검사를 꼭 받아보도록 하세요. 결국 배 속의 아기가 건강하게 태어날 때까지 엄마는 완전히 긴장을 놓을 수 없다는 이야기. '조심해야 될 게 한두 가지가 아니구나!' 엄마는 자신도 모르는 사이 한숨을 쉴지도 모릅니다.

자, 이렇게 생각해보면 어떨까요? 엄마가 아기와 한 몸으로 있을 수 있는 유일한 시간은 바로 이 열 달의 시간뿐이랍니다. 이 동안 엄마가 겪는 모든 기쁨과 아픔, 불편함 등을 의미 있는 추억으로 여기는 것이지요. 이 추억은 오로지 엄마와 아기만을 위한 값진 선물이 되어줄 테니 말입니다.

엄마만의 태교 여행을 떠나보세요!

임신 중기에 배 속 아기는 청각은 물론 시각도 발달하게 됩니다. 엄마 배 위에서 불빛을 비추면 배 속 아기는 불빛이 있는 쪽을 향해 고개를 돌립니다. 그렇다고 배 속 아기가 엄마가 보는 것과 똑같이 세상을 다 볼 수 있다는 이야기는 아닙니다. 아름다운 경치를 감상하며 기분이 좋아질 때 엄마의 몸에서는 건강에 좋은 호르몬이 배출됩니다. 이를 통해 엄마의 몸은 배 속 아기에게 더 편안한 보금자리가 될 것입니다. 임신으로 인한 신체 변화에 조금이나마 적응이 되고, 몸과 마음도 다소 편안해진 이 시기, 아기 아빠와 함께 태교 여행을 떠나보세요. 태교 여행으로 평소에 가보고 싶었던 멋진 여행지를 관광하는 것도 좋겠지만, 그보다는 배 속 아기와 함께 맛있는 음식을 먹고 편안한 휴식을 취하는 소풍 같은 느낌의 여행이어도 좋을 것입니다. 아기에게 보여주고 싶고 들려주고 싶은 것이 가득한 곳이 동네 어귀에 있는 공원이라면, 바로 그곳이 엄마만의 아름다운 태교 여행지랍니다!

엄마가 할 수 있는 일

1. 양질의 영양소를 고루 섭취하기.
2. 집 주변을 산책하는 정도의 가벼운 운동하기.
3. 엄마에게 맞는 태교 프로그램 찾아보기.
4. 임신중독증에 걸리지 않도록 조심하기.
5. 엄마만의 의미가 있는 태교 여행 떠나기.

한 편의 영화처럼,
그리고 드라마처럼

아아아, 허니문 베이비! 몰디의 소식은 예식장 잡기 어렵다는 5월 봄날, 몹시 원했던 예식장 예약에 기적적으로 성공했던 일처럼 놀랍고 반가운 일이었습니다. 신혼여행지 몰디브에서 생긴 아기라고 해서 '몰디'라는 재밌는 태명까지 비로 지어냈지요. 가족은 물론 지인들까지도 "몰디, 몰디" 하고 부르며 즐거워했습니다. 하지만, 하지만, 하지만… 하지만!

몰디 엄마의 걱정은 이만저만이 아니었습니다. 임신에 대해서 뚜렷한 계획이 있었던 게 아니었거든요. 엄마는 신혼여행에서 다녀오자마자 하루도 쉬지 못하고 곧바로 직장에 나가야 했습니다. 사실 신혼여행을 떠나서도 밀린 일을 생각하면 한숨이 절로 나오곤 했었지요. 아직 끝내지 못한 일들이 몰디브의 에메랄드 빛 바다에 몽땅 빠뜨려도 남을 만큼 쌓였는데, 집을 마련할 수 있을 만큼 돈을 벌려면 그 일은 물론 더 많은 일을 찾아서 해도 부족할 텐데, 임신이라니, 오오오….

그래, 몰디야 몰디야 하고 부르며 어영부영 시간이 지났고 엄마는 임신 6개월째를 맞게 되었습니다. 이제는 되레 직장에서 먼저 엄마에게 일을 계속해도 괜찮겠느냐고 염려하는 상황이었는데요. 엄마는 혹시라도 팀장님이 엄마를 걱정하여 중요한 일을 처리하는 데 방해라도 될까봐 노심초사했습니다. 일부러 아무렇지 않은 척, 임신하기 전보다 더 밝고 건강한 척하곤 했습니다.

엄마는 TV 방송 프로그램과 영화의 대본을 편집하고 기록하는 일을 하고 있었습니다. 일이 많을 때는 하루 종일 컴퓨터 앞을 떠나지 못한 적도 있었지요. 그런데 몰디를 갖고 난 이후부터는 오랫동안 의자에 앉아 있는 일이 몹시 힘들었습니다. 푹신한 쿠션을 받치고 보조 의자에 발을 올려두는 방법을 써보기도 했지만, 임신 개월 수가 지날수록 더욱 더 힘들어졌습니다.

하루는 그날 할 일을 채 마치지 못하고 집으로 돌아온 적이 있었습니다. 엄마는 급한 일이니 조금만 도와달라고 아빠를 보챘습니다. 엄마가 대본을 보고 정리해서 불러주면 아빠가 컴퓨터 타자로 입력해주는 일이었지요.

"몸도 힘들다면서 이렇게까지 꼭 일해야 할까?"

아빠는 진심으로 엄마가 걱정됐습니다. 엄마도 그 마음을 모르는 바가 아니었지요.

엄마의 진심어린 마음이 전해졌을까요. 아빠는 엄마 마음에 쏙 들도록 일을 도와주었습니다. 그때였습니다. 갑자기 엄마가 말했습니다.

"확실히 나는 당신이 있어서 웃을 수 있고 울 수도 있군요. 우리는 더 많이 행복할 거예요. 제가 그렇게 되도록 할 거니까요."

아빠는 엄마의 말을 들은 대로 입력하기에 바빴습니다.

"자기야, 이 대사 정말 와 닿는다. 자기도 이리 와서 읽어 봐."

엄마는 아빠에게 대본을 내밀었습니다. 그리고 남자 주인공의 대사를 읊어 달라고 했지요. 둘은 잠시 동안 대본을 함께 읽었습니다. 마치 드라마의 주인공처럼! 처음에는 재미로 해봤던 일이 점점 엄마, 아빠의 마음을 주홍빛으로 물들이기 시작했습니다.

"와우, 내가 정말 재밌는 일을 하고 있었는 걸?"

다음날부터 엄마는 때로는 마음속으로, 때로는 입으로 소리를 내서 대본들을 읽어 보았습니다. 엄마 목소리가 들리는지 몰디는 태동을 하며 반응해주었지요. 이전처럼 아빠와 함께 대본을 읽을 때는 더 힘차게 발길질을 했습니다. 고로 엄마는 몰디를 만나기 딱 한 달

전까지 아무 일 없이 직장 일을 할 수 있었다는 사실.

언젠가 엄마는 아빠에게 말했습니다.

"「로마의 휴일」 말이야. 그 영화의 대본을 찾아봐야겠어. 몰디야. 이제 아빠는 죠, 엄마는 앤이 될 거야. 정말로 기대되지 않니?"

과연 몰디는 그레고리 펙보다 멋진 아빠, 오드리 헵번보다 아름다운 엄마를 만날 수 있었을까요?

"엄마 몸에 무리가 되지 않는다면 억지로 직장 일을 쉴 필요는 없을 것 같아요.
엄마가 일을 함으로써 엄마는 물론 아기에게도 계속해서 즐거움을 줄 수 있다면 잘된 일이잖아요. 두고 보세요. 배 속에 있는 아기도 엄마를 응원할 테니!"

고전수필 「규중칠우쟁론기 閨中七友爭論記」에서
아씨방 일곱 친구 이야기

따뜻한 햇볕이 곰실곰실 마당 안으로 들어 왔어요. 아씨는 방문을 열고 한가득 햇볕을 맞았어요. 햇볕이 얼마나 따사로웠을까. 아씨는 금세 자울자울 잠이 들었어요. 바로 이때 아씨 방 친구들이 기다렸다는 듯이 모습을 드러냈지요. 아아, 아씨 방 일곱 친구들은요. 아씨의 바느질을 돕는 바늘, 자, 가위, 인두, 다리미, 실, 골무, 이렇게 일곱 가지 바느질 도구들을 말해요. 일곱 친구들은 오늘 아주 중요한 이야기라도 나눌 모양이에요. 먼저 이야기를 시작한 주인공은 몸이 기다란 자 부인.

"좋아. 오늘만큼은 꼭 우리 중에서 가장 훌륭한 바느질 친구를 가려내기로 하자고. 내가 먼저 이야기를 해보자면 말이야. 옷을 지을 때 나보다 훌륭한 일을 하는 친구는 없는 것 같아. 아무리 멋지고 예쁜 비단이라고 해도 내가 길고 짧음을 잘 가려주지 않으면 다 소용

없지 않겠어?”

　자 부인은 긴 허리를 더욱 길쭉이 보이도록 뽐내며 말했어요. 자 부인의 이야기를 들은 가위 각시가 입을 삐죽 내밀며 못마땅해 하는 눈치였어요.

　“자 부인, 당신이 아무리 길고 짧음을 잘 가려도 내가 없으면 옷감을 자를 수가 없는 걸요? 그러니 제일 훌륭한 바느질 친구는 내가 분명해요.”

　가위 각시가 양날을 부딪치며 척척 소리를 내고 있었지요. 자 부인은 금세 뾰로통한 얼굴이 되어 가위 각시에게 화를 낼 것만 같았어요. 그 사이 바늘 각시도 할 말이 있다는 듯이 앞으로 나섰어요.

　“쳇! 둘이 아무리 일을 잘해도 내가 없이 옷을 만들 수 있겠어요? 박음질, 감침질, 시침질, 나 없이 할 수 있겠느냔 말예요.”

바늘 각시가 뾰족한 앞코를 날쌔게 한번 휘둘렀어요. 마치 자기가 제일 중요한 친구인 것처럼 잘난 체했지요. 그 모습을 지켜보고 있던 실 각시가 붉으락푸르락 화가 난 얼굴로 말했어요.

"바늘 각시! 너는 나 없이는 아무 일도 할 수 없을 텐데? 박음질, 감침질, 시침질, 아무리 잘해도 실 없이는 조금도 할 수 없을 걸!"

실 각시는 자기를 더 뽐내고 싶어서 붉은 실, 푸른 실, 노란 실을 모두 꺼내 보여주었어요. 그러자 인두 부인, 다리미 낭자도 가만히 있지 않았어요. 다들 자기야말로 옷을 지을 때 가장 훌륭한 일을 하는 친구라고 자랑했지요. 일곱 친구들은 쉬지 않고 잘난 체를 하며 다퉜어요.

한참 시간이 지난 때였을까요. 갑자기 바늘 각시가 한숨을 푹 내쉬었어요.

"휴, 생각해보니까 우리끼리 이렇게 싸울 일이 아닌 것 같아요. 요즘 아씨 말이에요. 툭하면 나를 화로에 달군다고요. 다 낡아서 말을 듣지 않는다고…."

바늘 각시가 울컥 눈물을 쏟으며 말했어요. 그랬더니만 글쎄 인두 각시도 따라 훌쩍이는 게 아니겠어요.

"아씨는 나를 더 미워하는 것 같아요. 툭하면 붉은 불에 나를 담그잖아요."

인두 각시의 말에 다리미가 고개를 끄덕이며 끼어들었어요.

"그럼 나도 미움 받기는 매한 가지인걸요. 옷감이 잘 다려지지 않는다고 나를 얼마나 세게 누르는지, 어떤 때는 너무 아파서 악 하고 소리를 지를 뻔했지 뭐예요."

다리미도 실은 아씨에게 속상했던 적이 한두 번이 아니었던 거지요.

"맞아요. 그러고 보면 우리 중에 훌륭한 친구는 하나도 없는 것 같아요. 아씨가 우리를 이토록 미워하는 것만 봐도 알 수 있다고요."

일곱 친구들은 자기 자랑하던 일은 싹 잊고, 모두 소리를 높여 아씨를 흉보기만 했어요. 옥신각신 힘주어 내는 소리가 너무 컸던 탓일까요. 그 결에 잠든 아씨가 번쩍 깨어나고 말았어요. 아씨는 양 손을 허리에 올리고 일곱 친구들을 나무랐어요.

"너희 여태껏 나를 흉본 거야? 내가 너희를 얼마나 예뻐하는지 알지도 못하고!"

아씨의 말에 일곱 친구는 전부 입을 꼭 다물었어요. 서로서로 눈치만 살폈어요. 한참 후 먼저 입을 연 친구는 골무 할미였어요.

"아씨, 저희가 생각이 짧았어요. 부디 오랜 시간 함께 일하고 정을 나눈 것을 생각해 한 번만 용서해주세요."

골무 할미가 아씨의 마음을 달랬어요. 아씨는 일곱 친구들 앞에서 연분홍 치마를 활짝 펼쳐 보였어요. 그건 아씨가 제일 아끼는 옷 중 하나였지요.

"너희가 없었으면 이렇게 예쁜 옷도 지을 수 없었을 거야. 자 부인 말도 맞고 바늘 각시, 실 각시, 인두 각시, 다리미 낭자, 가위 각시, 골무 할미 말도 다 맞아. 우리 서로 흉만 볼 게 아니라, 참 고마웠던 일을 고백해보면 어떨까?"

아씨는 일곱 친구들을 하나하나 사랑스러운 손길로 어루만졌어요. 사실 아씨의 말이 꼭 맞았지요. 자기들 없이는 아씨가 저리 예쁜 치마를 입을 수 없었을 테니까요. 그때부터 친구들은 서로를 칭찬해보기 시작했어요. 네가 있어서 옷감이 아주 잘 잘렸다, 네 솜씨가 뛰어난 덕분에 옷감이 아주 잘 펴졌다, 네 덕분에 옷감이 아주 잘 여며졌다….

서로가 서로를 아껴주고 감싸주는 사이, 따뜻한 햇볕이 물러나고 은은한 달빛이 마당에 내려앉고 있었어요. 내일은 또 얼마나 예쁜 옷을 만들게 될까요? 마치 한 몸인 듯 힘을 모으는 아씨 방 일곱 친구들이 말이지요.

태교 동화 녹음 파일 만들기

우리 목소리가 들리니

하루에 한 번씩 아기에게 태교 동화를 읽어주는 아빠! 반드시 근사한 태교 동화를 찾아서 읽어줄 필요는 없어요. 16주 이후 청각이 발달하기 시작한 배 속 아기에게 엄마, 아빠의 목소리를 자주 듣게 해주고픈 마음만으로도 충분하니까요.

문득 오디오에서 엄마, 아빠의 목소리로 만든 태교 동화가 흘러나온다면 어떨까요? 자, 우리도 한번 해보기로 해요. 지금 이 순간 엄마, 아빠는 우리 아기만을 위한 성우입니다.

준비물
태교 동화 책,
휴대폰
(혹은 녹음기나
녹음 기능이 있는
전자기기)

1 요즘 엄마가 읽고 있는 태교 동화 책을 준비해주세요. 엄마가 어린 시절 즐겨 읽었던 세계명작 전집이나 위인전 같은 책들도 좋아요. 책 속에서 아기에게 들려주고픈 이야기 몇 편을 골라보세요. 이때 동화를 선택하는 방법을 알려드리자면,

임신 초기

유산의 위험으로부터 엄마의 마음을 안정시켜줄 만한 잔잔한 내용의 동화를 선택해야 해요. 안데르센 동화나 『탈무드』 정도라면 괜찮아요.

임신 중기

바깥의 소리에 귀를 기울이기 시작한 배 속 아기를 위해 밝고 즐거운 내용의 동화를 들려주면 좋아요. 의성어, 의태어가 많이 담겨 있고, 재밌는 대화체가 많이 등장하는 동화라면 더 좋겠지요. 우리나라와 세계 각국의 전래동화나 『이솝우화』 등을 추천합니다.

임신 후기

출산과 육아에 대한 두려움과 부담이 늘어나는 임신 후기에는 훌륭하게 자녀를 키워낸 위인들의 이야기나 따뜻한 가족애가 가득 담긴 동화가 좋지요. 어릴 적 엄마가 읽었던 위인전기도 좋고 잘 알려져 있는 유명인들의 자서전도 좋아요. 조금은 쑥스러울 수 있지만 지금껏 엄마와 가족이 주고받았던 손 편지를 읽어보는 것도 좋습니다.

2 동화를 선택하였나요? 한 편일 수도 있고 여러 편의 동화를 선택했을 수도 있겠군요. 자, 이제 아빠 혹은 다른 가족과 함께 선택한 동화를 소리 내어 읽어봅시다. 엄마 먼저 소리 내어 읽고 뒤이어 아빠도 읽는 거지요. 이를 통해 동화의 내용을 충분히 이

해하고 배역을 정해보세요. 가령 서술 부문은 엄마가 읽고, 대화체는 아빠가 읽는 형식으로. 아니면 한 사람이 모두 읽는 형식도 좋습니다.

3 결정된 배역에 따라 연습을 충분히 해보세요. 잠시 후 녹음 기능을 켰을 때 엄마, 아빠는 실제 성우가 된 것처럼 설레고 떨리는 기분을 경험할 거예요. 연습하는 동안 효과음을 내줄 수 있는 도구를 찾아보는 것도 좋은 방법이에요.

요즘은 휴대폰 속에 동물 소리, 사물 소리 등을 흉내 낸 효과음들이 제법 들어 있지요? 동화 속에 잘 살려 쓸 수 있는 효과음이 있다면 준비해두기로 합시다.

4 자, 그럼 지금부터 녹음 시작! 이때 녹음기기는 언제 어디서든 녹음 파일을 쉽게 재생시킬 수 있는 것으로 준비해주세요. 엄마, 아빠의 휴대폰만으로도 충분하다는 말씀! 녹음 내용은 이렇게 해봅시다. 일정한 형식을 갖추어 전문적인 느낌이 묻어나도록 녹음해보는 거예요. (아기의 태명을 넣어) 'ㅇㅇ에게 들려주는 이야기' → 동화 제목 → 작가 이름 → 동화 내용 → 녹음 날짜, 녹음한 사람

5 여러 편의 동화를 녹음하고 싶다면 ④번과 같은 방법으로 반복해주세요. 이때 여러 편의 동화를 하나의 파일에 연결하여 담지 말고, 동화마다 따로 녹음 파일을 만들어야 좋아요. 나중에 필요에 따라 골라서 들려주기에 편하답니다.

6 완성된 녹음 파일을 들어볼까요? 엄마, 아빠는 몹시 쑥스러워서 볼이 빨갛게 물들 수도 있어요. 하지만 엄마, 아빠만의 깜짝 데이트이자 소중한 추억이 되어줄 것이랍니다. 이제 엄마가 잠들 때는 물론 집안일을 할 때, 잠시 쉬고 싶을 때, 몸이 아플 때, 그 어느 때든 아기에게 엄마, 아빠의 목소리를 들려줘보세요!

* 엄마, 아빠는 물론 할머니, 삼촌, 이모, 고모도 모두 성우가 되어주세요. 가족이 함께 녹음 파일을 만드는 동안 새로운 가족에 대한 기대감과 이를 통한 행복감이 한껏 더 자라날 것이랍니다.

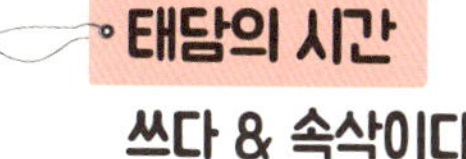

엄마의 웃음, 즐거움

눈도 삐뚤 코도 삐뚤

눈사람을 만들어본 적이 있나요?

흰 눈이 소복소복 내리던 날, 거리에 작은 눈사람 하나가 놓였습니다.

눈사람이라기보다는 사실 주먹만한 눈덩이 두 개를 포개어 놓은

조형물 같았습니다.

"아기야, 우리 눈사람에게 모자 씌워줄까?"

괜스레 아이처럼 설레는 마음이 들었지요.

나뭇잎 하나를 주워 머리 부분에 슬며시 올려 보았습니다.

하루 종일 마을 구석구석에 날카로운 추위가 이어지고….

집으로 돌아오는 길,

꽁꽁 언 몸을 잘난 듯 뽐내는 눈사람이 다시 보였습니다.

그새 나뭇잎 두 눈이랑 나뭇가지 팔이랑 선물 받은 모습이

꼭 우리 아기 같았습니다.

눈보다 더 순수한 것은 눈을 보면 괜스레 들뜨는,
우리의 하얗게 빛나는 마음이 아닐까요?
오늘 우리가 함께 만든 이 눈사람은
아기 천사에게 주는 선물입니다.

Whisper to My Baby

함박눈이 소복소복 내린 날
엄마는 너와 함께 눈사람을 만들 거야.
눈도 삐뚤 코도 삐뚤 입도 삐뚤
누굴 닮았나 내기하며 재밌게 놀자!

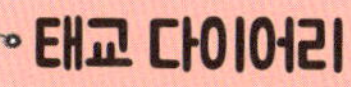
태교 다이어리
Dear My Baby

임신 6개월, 우리에게 일어난 일

혹시 태교를 위해 본 영화나 공연이 있나요?
영화 속 대사 중 우리 아기에게도 꼭 들려주고 싶은 내용이 있었나요?
빈 공간에는 영화표를 붙여보세요!

네가 있어
더 행복한 시간

일곱 번째,
아름다운 태교

임신 7개월

엄마에게 띄우는
일곱 번째 편지

임신 7개월이 되었습니다. 이제 배 속 아기의 키는 35*cm*가 넘게 자랐고, 몸무게는 1*kg* 가까이 늘어났습니다. 이때쯤 병원에서는 임신성 당뇨 검사를 받게 될 것입니다. 임신성 당뇨는 배 속 아기에게 기형, 저혈당, 호흡 곤란 등을 일으킬 수 있으며, 태어난 후에도 대사증후군, 소아 비만 등을 유발할 수 있기 때문에 각별히 주의해야 합니다.

더불어 임신 기간이 끝날 때까지 임신중독증에 걸리지 않도록 조심해야 한다는 사실도 잊지 않아야 하는데요. 가벼운 산책과 적절한 식사 습관이 임신성 당뇨는 물론 임신중독증을 예방하는 데 도움이 되어줄 것입니다.

임신 7개월 무렵이 되면 배 속 아기는 밤과 낮을 구별할 수 있을 만큼 뇌 부분이 크게 발달합니다. 이 시기 배 속 아기도 꿈을 꾼다는 연구 결과가 있는데요. 깊은 밤 엄마와 함께 새근새근 잠이 든 아기는 과연 어떤 꿈을 꾸고 있을까요? 혹시 엄마와 똑같은 꿈을 꾸고 있지는 않을까요? 꼭 그럴 것만 같은 재미난 상상을 하며 오늘 밤에는 이런 꿈을 꿔보기로 해요.

엄마에게도 언젠가 꼭 한 번 가보고 싶었는데 임신하는 바람에 가지 못했던 여행지가 있겠지요? 로맨틱한 베니스의 항구일 수도 있고, 파르테논 신전이 있는 그리스일 수도 있고, 정열적인 축제가 벌어지는 스페인일 수도 있고. 오늘 밤 꿈속에서 아기와 함께 그곳으로 여행을 떠나보세요!

아빠의 태담을 들려주세요

배 속 아기를 향해 태교 동화를 읽어주는 일이 또 하나의 일상이 되지는 않았는지. 엄마는 배 속의 아기도 이다음에 자라서 동화 속의 솔로몬 왕처럼 지혜롭고, 아기 코끼리 '제제'처럼 순수하게 자라기를 바랐을지도 모릅니다. 엄마 가슴 속에 새겨진 그러한 바람을 배 속 아기에게도 이야기해주세요. 그것이야말로 가장 쉽고 편안하게 할 수 있는 태담이니 말입니다.

배 속 아기는 높은 톤의 여자 목소리보다 중저음의 남자 목소리를 더 잘 들을 수 있다고 하는데요. 음, 엄마의 목소리를 듣는 데 익숙한 아기에게 하루 한 번씩은 아빠의 태담을 들려주면 어떨까요? 아빠가 엄마의 배에 손을 얹고 아기를 향한 소망을 들려줄 수도 있고, 아니면 직접 태교 동화를 읽어줄 수도 있고! 믿어보세요. 아빠의 태담이 배 속 아기는 물론 엄마를 미소 짓게 하는 순간을.

엄마가 할 수 있는 일

1. 임신성 당뇨에 걸리지 않게 주의하기.

2. 항상 임신중독증 예방에 유념하기.

3. 튼살이 생기는 것을 방지하기 위해
   유분과 수분이 가득한 크림 발라주기.

4. 산책, 체조 같은 가벼운 운동을 꾸준히 하기.

5. 과하지 않은 양의 식사, 영양소가 골고루 포함된 식사 고집하기.

우리 모두
너를 기다린단다

전남 곡성군 로하 엄마의 이야기

“아가야, 뭐하니? 참 나올 시간이다.”

“네, 어머니. 곧 나가요!”

엄마의 일상은 틀에서 만들어진 붕어빵처럼 똑같았습니다. 아침 점심 저녁 세 번의 끼니, 오전 오후 한 번씩 있는 참을 챙기기 위해 다섯 번이나 주방을 들락날락하다 보면 하루는 별똥별처럼 순식간에 지나가기 일쑤였습니다.

“내가 뭐랬니. 도시에서 살던 사람은 시골 가서 살 수 없다고. 삼시 세끼 밥 챙기기도 버거운데, 참까지 어떻게 다 챙기니. 너희 시어머니도 정말 너무 하신다. 아휴, 너는 둘째 가질 생각은 애당초 말아라.”

어쩌다 잠시 틈이 생겨도 늘 같은 소리를 반복하는 친정 식구에게는 전화하지 않는 편이 나았습니다. 외진 농촌에서 사업을 하는 남자와 결혼하겠다고 떼를 쓴 장본인이 엄마 자신이었으니까요.

한 달에 두 번 찾아오는 휴일에도 아빠는 밀렸던 일을 처리하느라 분주했습니다. 쉬지도 못하고 일하는 아들이 안쓰러운 시어머니는 팔을 걷어붙이고 거들었습니다. 그러면 엄마라고 가만히 쉴 수 있었을까요? 여느 때와 똑같이 끼니를 챙기고 참을 만들어야 했습니다. 사실 엄마의 집에는 단 하루의 휴일도 존재하지 않는다고 보는 것이 맞는 말이었지요.

한번은 밤새 아이의 열이 떨어지지 않아 하룻밤을 꼬박 새운 날이 있었습니다. 아침 일찍 직원들 끼니를 차려놓은 엄마는 서둘러 읍내에 있는 병원으로 향했습니다. 그날 병원에서 들은 말이….

"감기예요, 감기. 아, 그런데요, 어머니. 감기가 문제가 아니라 아토피가 문제예요. 애가 간지러워서 잠을 못 자는 거라고요. 아이한테 신경 좀 쓰셔야겠어요."

의사의 말은 정말이지 가시처럼 엄마의 가슴에 콕콕 박혀버리고 말았지요. "아이한테 신경 좀 쓰셔야겠어요." 의사의 말이 맴맴 머릿속을 울렸습니다.

속상한 일은 곰비임비 쌓였습니다. 막 오후 참을 내가고 났을 때 언니로부터 전화가 걸려왔습니다.

"너는 직원들 밥도 챙겨야 하고, 시어머니도 계시고, 애도 있고…. 아무래도 이번 스페인 여행은 우리끼리 다녀올게."

친정어머니의 회갑을 맞아 가족끼리 스페인으로 여행을 떠난다는 내용의 전화였지요. 뭐 꼭 가고 싶다고 마음먹으면 못 갈 일도 아니지만, 엄마는 으레 어쩔 수 없다는 듯 아쉬움을 토했습니다. 전화를 끊고 다시 누워 있는 아이를 보았습니다. 엄마 가슴에 밀물처럼 밀려든 설움.

"나까지는 바라지도 않으니까 아이한테 신경 좀 써줘요."

엄마는 아빠에게 속마음을 왕창 쏟아 놓았습니다. 그런데 그때였습니다. 아빠의 표정이 여느 때보다 어둑하게 변했습니다.

"자기야. 자기가 우리 집에 오기 전에는 말이야. 어머니도 나도 이렇게 열심히 일하지 않았어. 밥도 대충 시켜 먹거나 아니면 컵라면 하나 뚝딱 끓여 먹곤 했거든. 그런데 있잖아. 자기가 온 뒤로 우리가 변한 것 같아. 얼른 열심히 돈 모아서 자기랑 우리 아기랑 예쁜 집 짓고 살고 싶어졌어. 자기 좋아하는 여행도 실컷 다니고."

낮에 의사의 말을 듣고도 잘 참았건만, 아빠의 말에 엄마는 결국 울음을 터뜨렸습니다. 엄마의 손을 잡아준 아빠의 손이 그날따라 유난히 거칠고 투박해 보인 건 왜일까요. 사실 가문 밭처럼 갈라진 시어머니의 손을 보고도 속상했던 적이 한두 번이 아니었던 엄마였답니다.

"자기는 우리 가족에게 꿈을 심어줬어. 우리 모두 자기를 정말 정말 사랑해."

아아, 이보다 달콤한 고백이 있을까요. 엄마는 그 순간을 결혼 전 아빠에게 받았던 프러포즈보다 더 멋진 기억으로 아로새겼습니다.

며칠 후 아기의 피부가 많이 진정되었다는 진단을 받은 날. 엄마는 또 한 가지 뜻밖의 선물을 받았습니다. 글쎄 엄마에게 둘째 아기가 찾아온 것이었지요. 가장 기뻐한 사람은 시어머니였습니다.

"아가야, 축하한다. 그리고 많이 고맙다. 정말로 고마워, 우리 새아기."

시어머니는 정말이지 단 하루도 쉬지 않고 열심히 일했습니다. 나중에 아빠에게 들은 이야기에 따르면 시어머니가 입버릇처럼 하는 말이 있는데, 그건 바로 엄마, 아빠가 걱정 없이 애들 키우며 살 수 있도록 해주겠다는 약속이었습니다. 아, 이제 엄마에게 숙제가 남은 꼴이었습니다. 둘째 가질 생각은 애당초 말라던 친정 식구에게 어떻게 이 소식을 전해야 할까! 엄마는 모처럼 행복했습니다. 내일은 읍내에 나가 생화를 조금 사와서 식탁을 예쁘게 한번 장식해볼 생각도 했지요.

엄마의 쪽지

"아기는 엄마인 나뿐만이 아니라 가족 모두에게 찾아온 선물 같은 존재더라고요.

하루하루가 힘들고 때로는 누군가에게 많이 서운하더라도 사랑스러운 아기를 생각하며, 또 아기가 있어 행복한 사람들을 생각하며 견뎌보세요.

행복한 삶은 꿈꾸는 자의 것이라는 사실, 잊지 마시길!"

영국 전설, 「아더 왕과 거웨인 이야기」에서
여자들이 진실로 원하는 것

뛰어난 지도력과 용맹함을 가진, 전설 속의 왕, 아더. 역사 속에서 많은 왕들에게 본보기가 되어준 그에게 아주 흥미로운 이야기가 전해지고 있는데요.

언젠가 아더가 이웃 나라의 포로로 잡힌 적이 있었습니다. 그때까지 아더를 상대로 진정한 승리를 거둔 나라가 없었기에, 이웃 나라의 왕은 자신의 승리를 더 과시하고 싶었습니다. 그는 아더를 절대 풀어주지 않겠다고 큰 소리로 말했습니다. 단 한 가지 조건을 제시했지요. 그것은 바로 자신이 낸 문제를 맞힌다면 아더를 풀어주겠다는 것.

"여자들이 진실로 원하는 것은 과연 무엇이란 말인가?"

오호라, 참 재밌는 문제였습니다. 그야 당연히 무엇 무엇이지요, 하고 금방 답을 맞힐 수 있을 듯한데, 이웃 나라의 왕은 그 어떤 대답에도 흡족해하지 않았습니다.

"1년의 시간을 주겠소. 부디 1년 안에 답을 찾길!"

아더에게 주어진 시간은 단 1년이었습니다. 그동안 아더는 나라 안의 모든 여자들에게 질문했습니다. 대체 여자들은 무엇을 가장 원하느냐고. 답은 쉽게 찾아지지 않았습니다. 1년이라는 시간은 작은 벌의 날갯짓처럼 순식간에 지나갔습니다.

어느 날 우연히 아더는 산꼭대기에 살고 있다는 마녀의 소식을 들었습니다. 모습이 매우 흉측하긴 하나, 세상의 모든 문제를 다 맞힐 수 있는 마녀라고 했지요. 아더는 마지막 기회가 온 것이라고 믿으며 마녀를 찾아갔는데….

막상 마녀를 본 아더는 도저히 그녀와 눈을 마주칠 수 없었습니다. 그녀의 얼굴은 한 점 빛도 없는 동굴 속처럼 어두웠고, 그녀의 입은 마구간에서 날 법한 냄새를 풍겼습니다. 게다가 그녀는 몸을 똑바로 세울 수 없는 꼽추였지요.

"물론 저는 폐하에게 답을 가르쳐드릴 수 있지요. 그러나 제게도 한 가지 조건이 있습니다. 제가 거웨인 경과 결혼할 수 있도록 해주세요."

마녀의 말에 아더는 그녀의 얼굴을 처음 보았을 때처럼 놀라고 말았습니다. 거웨인 경이라니, 그건 말도 안 되는 소리였습니다. 수많은 부하들 중 아더가 가장 믿고 아끼는 부하가 바로 거웨인 경이었으니까요.

그날 밤, 마침 거웨인이 아더를 찾아왔습니다. 아더는 고민 고민 끝에 어렵게 그날 있었던 이야기를 털어 놓았습니다. 거웨인이 어떤 대답을 해도 아더는 그를 존중할 생각이있습니다. 놀랍게도 거웨인은 아더의 이야기를 반겼습니다.

"저는 무엇이 되어도 괜찮고, 무엇을 잃어도 괜찮습니다. 폐하만 살릴 수 있다면, 우리나라만 살릴 수 있다면. 그것이 곧 제가 사는 방법이니까요."

거웨인은 아더의 두 손을 꼭 잡았습니다. 아더는 눈물을 흘렸지요. 말로 다 설명할 수 없다는 표현은 바로 이러한 순간을 가르키는 말이었을까요. 그렇게 거웨인의 충성심 덕분에 알게 된 문제의 답은….

"여자는 자신이 선택하여 주도적으로 살아가는 삶을 원합니다."

이웃 나라의 왕은 무릎을 탁 쳤습니다. 바로 그것이야말로 자신이 찾던 답이라며 한껏 기뻐했습니다. 그는 거웨인을 칭찬했고 그에게 많은 선물을 주기까지 했습니다. 또 약속대로 아더를 자신의 나라로 돌려 보내주었지요.

하지만 이웃나라에서 풀려난 아더의 마음은 결코 편치 않았습니다. 이제 약속대로 거웨인을 그녀와 결혼시켜야 했으니까요. 거웨인은 이번에도 조금도 망설이지 않고 말했습니다. 폐하만 살릴 수 있다면 자신은 무엇이든 괜찮다고.

드디어 마녀와 거웨인의 결혼식이 치러진 날 밤. 캄캄한 어둠이 뒤덮인 산꼭대기 마녀의 집에서 부부는 첫날밤을 맞게 되었습니다. 거웨인은 조금 떨고 있었는지도 모릅니다. 곧 마녀가 부부의 침실로 들어왔지요. 그런데 이게 어떻게 된 일일까요. 거웨인은 그 자리에 얼음처럼 굳고 말았습니다. 침실로 들어온 주인공은 못생기고 냄새 나는 마녀가 아닌, 눈이 부시도록 아름다운 미녀였던 것입니다!

"당신 덕분에 저는 지독한 마법에서 풀려날 수 있었답니다. 자, 이제 저는 하루 중 절반은 이 모습으로, 또 절반은 마녀의 모습으로 살 수 있게 되었지요. 당신은 제가 어느 때 아름답기를 원하는가요?"

마녀의 말은 마치 거짓말처럼 들렸습니다. 아니, 그럼 원래는 아름다운 미녀였는데 지금껏 마법 때문에 마녀의 모습으로 살았다는 말인가? 마녀는 얼른 거웨인의 대답을 듣고 싶어 했습니다. 거웨인은 잠시 혼란스러웠습니다. 낮 시간 동안 다른 사람들 앞에서 자신의

아름다운 아내를 뽑낼 것인가, 밤 시간 동안 단 둘이서 로맨틱한 사랑을 나눌 것인가. 그것은 하루 중 절반만 살 수 있다면 어느 때 살겠느냐고 묻는 것처럼 여겨졌습니다.

거웨인은 문득 아더를 떠올렸습니다. 그리고 아더를 위해서, 나라를 위해서, 무엇이든 괜찮다고 대답했던 순간을 떠올렸습니다. 그리고 자신이 가장 행복했던 순간, 가장 소중했던 순간도 떠올렸습니다. 그리고 거웨인은 자신을 바라보고 있는 아내, 바로 마녀를 향해 이렇게 대답했습니다.

"당신이 선택하세요."

아빠 표 부채 만들기

시원한 바람이 솔솔

배 속 아기가 자랄수록 엄마는 걷는 일도, 자는 일도 모두 힘들어 진답니다. 조금만 운동을 해도 금세 땀이 줄줄 흐르지요. 더운 여름날, 선풍기나 에어컨 바람을 직접 쐬는 일이 조금 염려된다면 부채로 솔솔 바람을 불러보면 어떨까요? 아빠가 직접 만들어준 부채라면 더 의미 있겠지요? 출산 후에 아기를 재울 때나 기저귀를 갈아줄 때도 꼭 필요한 선물이 되어줄 것입니다.

준비물

무늬가 없는 무지 종이 부채, 캘리그래피용 펜, 연습할 종이, 물감(4~5가지 색상), 붓, 팔레트(접시도 가능), 물통

캘리그래피

1 아빠가 아기에게 매일매일 건네는 인사처럼 들려
주고픈 메시지가 있나요? 동화 속 한 줄처럼, 동
시의 한 행처럼 사랑스러운 한 마디를 떠올려보세
요. 그런 다음 종이에 캘리그래피용 펜을 이용하
여 글씨 쓰기 연습을 해볼게요. 캘리그래피용 펜
은 두껍게 써지는 쪽과 얇게 써지는 쪽이 구분되
어 있으니, 잘 활용하면 다양한 느낌의 글자를 써
볼 수 있어요.

- 비 오는 날 너의 우산이 되어줄게
- 우리 아기는 꽃을 피우는 정원사
- 햇빛처럼 별빛처럼 달빛처럼 반짝여라
- 우리 아기 기차가 칙칙폭폭
- 무지개 너머 요정들의 나라에서 온 너

2 종이 부채를 펼쳐놓고 캘리그래피를 넣으면 예쁘
게 잘 어울릴 만한 위치를 정해볼게요. 연습한 종
이를 오려내 부채 위 여기저기에 놓아보는 것도
한 방법이에요. 위치가 정해지면 숨을 한 번 크게
고르고 정성스레 캘리그래피를 해보세요!

1 캘리그래피 내용에 맞는 그림을 부채에 그려 넣을
   차례예요. 어떻게 하면 멋진 그림을 그릴 수 있을까,
   하고 고민하지 않아도 좋아요. 복잡하게 꽉 채우는
   그림보다, 흰 부채에 색상을 조금 물들인다는 느낌
   으로 간단하게 표현한 그림이 훨씬 예쁘답니다. 그
   림 역시 연습 종이에 충분히 연습해보기로 해요.

2 팔레트로 사용할 접시에 아빠가 선택한 물감을 진주
   알 하나 크기만큼씩 짜두세요. 이때 다른 색상의 물감
   이 서로 섞이지 않도록 간격을 두고 짜둬야 좋아요.

3 붓을 물에 살짝 적신 후 붓 끝에 물감을 적당량 묻
   혀주세요. 필요에 따라 두께가 다른 여러 개의 붓
   을 사용해도 좋아요.

4 부채 전체를 그림으로 꽉 채우지 말고, 캘리그래
   피에 어울리는 장식을 조금 그려준다는 느낌으로
   그림을 그려보세요.

5 그림이 다 그려졌다면 통풍이 잘되는 곳에 부채를
   놓고 말려주기만 하면 끝! 참, 그림이 다 마르기
   전까지 부채를 접지 않아야 한답니다.

* 포장지나 무지를 활용해 접은 상태의 부채를 포장해보세요. 엄마에게 아주 특별한 선물
  이 되어줄 것입니다.

엄마의 걱정, 위로, 용기

내가 없어도 괜찮을까?

얼마전 교외에 있는 선배 집에 머문 적이 있었습니다.

도심에서 하던 일, 집안에서 하던 일 모두 내려놓고 가니

온전히 나 자신을 위한 일만 할 수 있었지요.

집에 두고 온 아이들 걱정은 일찍이 달아나고 없었습니다.

그런데 해질 무렵 머리도 식힐 겸 나간 산책길에서

왈칵 눈물을 쏟고 말았습니다.

예쁜 벤치 양 옆에 놓인 아이들 모양의 조형물 때문이었지요.

'우리 아이들…. 내가 없어도 잘 놀고 있을까?'

단 하루만이라도 아이 없이 지내고 싶다고 말하곤 하는데,

신기한 일은 단 1분 1초도 아이 없이 편할 수 없더라는 사실.

가끔 혹은 아기를 돌보는 일이 몹시 힘들다고 여겨질지도 몰라요.
하지만 걱정하지 말아요.
엄마의 마음을 쏙쏙 알아낸 아기가
엄마의 마음보다도 더 밝고 건강하게 자라날 테니!

Whisper to My Baby

우리 아기를 볼 수 있는 시간이
엄마 혼자인 시간보다 행복할 거야.
엄마는 늘 그 시간을 꿈꾼단다.

Dear My Baby

임신 7개월, 우리에게 일어난 일

요즘 아기에게 어떤 태담을 들려주고 있나요?
아기에게 속삭였던 말들을 여기에도 적어보기로 해요.

지혜롭고
사랑스러운
아기로 자라길

여덟 번째,
아름다운 태교

임신 8개월

엄마에게 띄우는
여덟 번째 편지

아기 천사가 엄마를 찾아온 지 어느덧 8개월이 되었군요. 이제 엄마는 임신 후기에 접어들었답니다. 지금 아기는 40㎝ 정도로 키가 컸고, 1.5kg이 넘게 몸무게도 늘어났습니다. 아기가 자란 만큼 엄마의 자궁은 임신 전보다 훨씬 크게 늘어나 있습니다.

정말 남산만하다는 말이 딱 맞을 정도로 커진 배 때문에 가슴 부분이 답답하다고 느낄 수도 있는데요. 간혹 배 속 아기가 엄마의 배를 잡아당기고 있는 듯한 통증을 느낄 수도 있습니다. 이제 엄마의 배 속이 비좁다고 느낄 만큼 아기가 자라났다는 증거겠지요?

하지만 복통이 일시적이지 않고 오랫동안 심하게 이어질 때는 조산의 위험 신호일 수도 있으니 반드시 의사의 진찰을 받아야 합니다. 또한 가지. 엄마는 무거운 배 때문에 걷는 일이 다소 힘들어질 수 있습니다. 다리가 자주 붓고 허리에 통증을 느낄 수도 있지요. 임신중독증을 예방하기 위해 꾸준히 해오던 산책도 조금은 버거워질 것입니다.

통증이 몹시 심할 때는 커다란 쿠션을 등에 받치고 살짝만 바로 누운 뒤 베개 위에 다리를 올려보세요. 다리의 붓기도 가라앉고 허리의 통증도 조금은 완화시킬 수 있을 것입니다. 초기에는 유산의 위험을, 중기에는 임신중독증 같은 질병의 위험을, 그리고 후기에는 조산의 위험을 조심해야 한다니…. 정말 임신 기간은 순탄치 않은 시간의 연속인 듯합니다. 하지만 분명한 것은 그만큼 임신 기간도 막바지에 이르렀다는 사실! 아기 천사를 만날 날이 정말 얼마 남지 않았답니다.

엄마를 위한 선물을 준비해보세요!

임신 후기가 시작되면 엄마는 얼마 남지 않은 출산 시기를 대비해야 할 것입니다. 걷기도 숨쉬기도 힘들다는 막달이 오기 전에 서둘러 출산 준비를 해두는 엄마들이 많은데요. 출산준비물은 반드시 목록을 작성하여 꼭 필요한 것 위주로 구입하는 것이 좋습니다.

출산 후 엄마의 가족과 지인들은 물론 산부인과에서도 엄마와 아기를 축하하기 위해 갖가지 아기용품을 선물할 것입니다. 이때 몇 가지 선물들은 품목이 겹치기도 한답니다. 그러다 보면 엄마가 고심하여 고른 아기용품을 다 쓰지 못하는 일이 생길 수도 있습니다.

혹시 출산 후 엄마에게도 많은 준비물이 필요하다는 사실을 알고 계세요? 바로 엄마의 몸을 따뜻하게 보호해줄 내복과 양말, 수유를 편안하게 할 수 있도록 해줄 속옷, 건조해진 피부에 유수분을 충분하게 보충해줄 크림 등을 말합니다.

이러한 준비물을 엄마가 선호하는 모양과 기능을 갖춘 것들로 직접 준비해두면 어떨까요? 출산 후 찾아올지도 모를 우울감을 달래줄 만한 감미로운 음반이나 향긋한 아로마 향초를 사는 것도 좋은 방법입니다. 아기는 물론 엄마 역시 축하와 격려를 받아야 하는 주인공일 테니까요.

엄마가 할 수 있는 일

1. 가벼운 운동을 꾸준히 하기.

2. 가슴이 답답할 때는 복식호흡 해보기.

3. 조산이 발생하지 않도록 조심하기.

4. 무리한 신체 활동이나 극심한 스트레스 피하기.

5. 엄마의 통증을 완화시키기 위해
   아빠가 마사지 해주기.

아기야,
네 오빠를 소개할게

오늘따라 유난히 우진이의 투정이 심했습니다. 옷이 마음에 들지 않는다, 아무것도 먹기 싫다, 동화책 보기도 싫다…. 원래 투정 많은 아이가 아니었기에 엄마는 몹시 속이 상했습니다.

큰 아이 우진이의 투정이 시작된 건 몇 달 전, 그러니까 엄마 배 속에 동생이 찾아온 이후부터였지요. 우진이는 입덧으로 힘들어 하는 엄마를 이해해주고 보살펴줄 수 없었습니다. 왜냐하면 우진이 역시 아직 엄마의 품속이 더 좋은 아이였으니까요. 저 혼자 온전히 더 받아도 될 사랑을 벌써 동생에게 빼앗겨버린 듯 우진이는 더 많이 보채고 투정하기 일쑤였습니다.

"우진아, 정말 왜 이러는 거니? 엄마가 얼마나 힘든 줄 알아? 저리 가서 너 혼자 좀 놀아!"

물론 그런 우진이를 보며 가장 마음이 아픈 사람은 엄마였습니다.

하지만 마음과는 달리 짜증을 내고 화를 내기 일쑤였습니다. 어떤 때에는 배 속에 있는 아기도 꿈틀거리며 놀랄 정도로 소리를 지르기도 했지요. 우진이의 투정과 엄마의 짜증이 집안을 떠날 날이 없었습니다. 미안한 마음과 짜증나는 마음이 톱니바퀴처럼 반복되는 동안 엄마는 지칠 대로 지쳐버리고 말았습니다.

하루는 엄마의 친한 친구가 집으로 찾아 왔습니다. 엄마는 오랜만에 놀러온 친구와 함께 맛있는 배달 음식을 주문해서 먹고 시간이 가는 줄 모르게 수다도 떨고 싶었습니다. 하지만 쉴 새 없이 보채고 투정하는 우진이 때문에 그런 소망은 에어컨 대신 틀어놓은 선풍기 바람을 타고 속절없이 날아가 버렸지요. 엄마는 연신 우진이를 밀어내며 짜증을 냈습니다. 친구는 큰 아이와 승강이를 벌이고 있는 엄마를 물끄러미 바라보고 있는 중이었고요.

"왜? 네가 보기에도 내가 너무 딱해 보여?"

엄마는 마음과는 다르게 친구에게도 불쑥 짜증 섞인 말을 던지고 말았습니다.

"아니야. 이거 사왔으니까 우진이 읽어줘. 나 이만 일어날게."

친구는 가방 안에서 주섬주섬 무언가를 꺼내 놓더니 도망치듯 자리에서 일어나 집을 나섰습니다. 엄마는 그저 멍하니 친구를 눈바래기 하고 있었지요.

친구가 가고 난 뒤 엄마는 무표정하게 거실에 떨어진 음식물들을 닦고 지저분하게 어질러져 있는 소파도 정돈했습니다. 그러다가 영문 크라프트지로 포장된 상자 하나를 발견했습니다. 아까 친구가 떠나며 두고 간 선물이었습니다. 무심결에 선물을 뜯어본 엄마는 깜짝 놀랐습니다. 우진이 읽어주라며 친구가 사왔다는 선물은 바로 태교 동화 책이었던 것입니다. 친구에게 미안한 마음과 부끄러운 마음이 든 엄마는 얼른 전화를 걸었습니다. 엄마의 마음을 다 알고 있기라도 한 듯 친구는 아이를 달래듯이 다정한 목소리로 말했습니다.

"많이 힘들지? 너도 힘들고 우진이도 힘들고. 그런데 너희가 힘들다고 해서 배 속 아기까지 힘들면 안 되잖아. 태교도 제대로 못하고 있을 것 같아서. 내가 대충 살펴봤는데 동화 내용도 좋고 그림도 예쁘더라고. 우진이 읽어주다 보면 자연스레 둘째 태교도 되지 않을까?"

어쩜, 그 말 한 마디가 엄마의 꽁꽁 언 마음을 사르르 녹여주었지요. 엄마는 친구의 말대로 해보기로 했습니다. 우진이와 함께 나란히 소파에 앉은 후 태교 동화 책을 펼쳤습니다. 생각해보니 둘째를 가진 후 처음으로 우진이에게 책을 읽어주는 것 같았습니다.

놀라운 일은 엄마가 책을 읽어주는 동안 우진이가 한 번도 투정을 부리지 않았다는 사실. 게다가 배 속에 있는 아기도 엄마 목소리를 듣고 있기라도 한 듯이 가만가만 태동을 보였습니다. 뭐 계속해서 책을 읽어주었다면 더 좋았을 텐데, 엄마가 소나기처럼 흐르는 눈물을 멈출 수가 없어서 그만 두어야 하는 상황이 벌어졌다나요.

엄마는 배 위에 우진이의 손을 가져다 올렸습니다. 그 위에 엄마의 손을 가만히 포갰지요. 우진이는 꼬물꼬물 움직이는 엄마 배가 신기하기만 했습니다.

"바다야, 네 오빠 우진이를 소개할게. 이다음에 네가 태어나면 우진이 오빠가 정말 많이 예뻐해줄 거야."

톨스토이의 소설, 「사람은 무엇으로 사는가」에서

어머니와 같은 사랑

천사 미하일이 구두수선공인 세묜의 집에 온 지도 어느덧 6년이 되었어요. 이제는 미하일도 세묜을 따라 제법 멋진 구두를 만들 수 있게 되었지요. 하느님으로부터 벌을 받고 인간 세상에 버려진 미하일. 그는 오랫동안 세 가지 문제의 답을 찾고 있었어요. 사람의 마음속에 있는 것은 무엇인가, 사람에게 주어지지 않은 것은 무엇인가, 사람은 무엇으로 사는가. 답을 찾으면 그는 다시 하늘나라로 돌아갈 수 있었거든요.

다행히 미하일은 착한 세묜과 마트료나 부부 덕분에 두 가지 문제의 정답을 맞힐 수 있었어요. 낙엽처럼 버려진 미하일을 가족처럼 품어준 부부를 보며, 미하일은 사람의 마음속에 사랑이 있다는 사실을 알았어요. 또 자기가 곧 죽게 될지도 모른 채 오래 신을 수 있는 장화를 만들어달라는 신사 손님을 보며, 사람에게 주어지지 않은 것

은 미래를 내다보는 지
혜라는 것도 알게 되
었지요. 이제 그는 하느
님이 내준 마지막 문제, 바로
'사람은 무엇으로 사는가'에 대한
답만 찾을 수 있었으면 했어요.

그날도 목덜미로 스미는 바람이 온몸을 얼릴 만큼 추운 날이었어
요. 한 여인이 두 여자 아이를 데리고 세묜의 집을 찾아왔어요. 여인
은 아이들에게 신길 구두를 만들어달라고 했어요. 여인이 아이들의
발 사이즈를 재기 위해 한 아이를 자신의 무릎에 앉혔을 때 세묜과
미하일, 마트료나는 모두 깜짝 놀라고 말았어요. 아이가 한쪽 다리
를 절고 있었던 거예요.

"어쩌다가 어린 아이가…."

마트료나는 말을 채 잇지도 못하고 눈시울을 붉혔어요. 그 뒤 여
인으로부터 듣게 된 이야기는 세 사람 모두 눈물을 흘리게 했지요.

"6년 전 이 두 아이는 태어나자마자 부모를 모두 잃는 슬픔을 겪
었어요. 나무꾼이었던 아이의 아버지는 사고로 세상을 떠났고, 아이
어머니는 혼자서 아이들을 낳다가 죽고 말았지요. 어머니가 죽는 순
간 아이 쪽으로 쓰려져버린 탓에 이 아이가 이렇게 다리를 못 쓰게
되었답니다. 아아, 마침 저는 아이를 낳은 지 두 달 남짓 되었을 때
였어요. 마을 사람들은 아이들을 굶길 수는 없다며 당분간 제가 아

이들을 맡았으면 하고 바랐지요. 두 아이는 저를 보며 슬프게 울고 있었어요. 얼마나 오랫동안 엄마 젖을 먹지 못한 채 굶어야 했을까요. 저는 두 아이를 기꺼이 받아들였어요. 그때부터 제 아이까지 함께, 그러니까 세 아이에게 젖을 먹이기 시작했어요. 다행히 아이들은 모두 건강하게 잘 자라주었지요. 우리는 살림살이도 나날이 좋아져서 전보다 더 풍요로운 생활을 할 수 있었어요. 세상에 부러울 것이 정말 하나도 없다고 여기며 살았지요. 적어도 그 일이 생기기 전까지…."

긴 이야기를 들려주던 여인이 갑자기 말을 멈췄어요. 여인은 한동안 말을 잇지 못하고 힘들어하는 것 같았어요. 마트료나는 얼른 따뜻한 차 한 잔을 그녀에게 건넸어요. 세묜과 미하일은 여인과 아이들을 향해 따뜻한 미소를 지어 보였어요. 여인은 한숨을 길게 내쉬며 다음 이야기를 이어갔지요.

"2년이 지난 무렵이었을 거예요. 맞아요, 그때였어요. 하느님이 제 아이를 하늘나라로 데려가셨지요. 그 뒤로 저는 더 이상 아기를 낳지 못했고요."

여인은 목에 두른 스카프로 얼른 눈물을 훔치고는 두 아이를 꼭 끌어안았어요. 갓 태어난 아이를 포근한 이불로 감싸듯이 따뜻하게 가슴 안으로 아이들을 품었어요.

"이 두 아이가 없었다면 저는 어떻게 살 수 있었을까요? 제가 이 아이들을 아끼는 일은 정말 당연한 일이겠지요. 이 아이들이야말로 막막하기만 한 제 인생에서 꺼지지 않는 촛불이 되어주었으니까요.”

여인의 이야기를 들은 세몬과 미하일, 마트료나는 모두 눈물을 글썽였어요. 모두 한 마음이 되어 두 아이를 안아 주었지요. 그리고 세상에서 가장 예쁘고 소중한 구두를 지어주겠다고 약속했어요. 여인은 감사의 인사를 수차례 건넨 후 떠났어요.

“우리 모두 어머니의 사랑 없이는 살아갈 수 없겠지요.”

마트료나가 미하일을 향해 흐뭇한 목소리로 말을 건넨 순간이었어요. 이들 앞에 믿을 수 없는 일이 벌어졌어요! 미하일이 앉아 있는 자리에서 아침 해처럼 밝은 빛이 솟아나고 있지 않겠어요. 미하일은 빛처럼 환한 미소를 띠고 있었어요.

“제가 인간 세상에서 무사히 살아갈 수 있었던 것은, 제가 스스로 일을 잘 해결했기 때문이 아니라 마음씨 착한 두 분의 사랑이 있었기 때문입니다. 두 분께서 저를 자식처럼 불쌍히 여기고 도와주신 덕분이지요. 부모를 잃은 두 아이가 잘 자랄 수 있었던 것은, 사람들이 두 아이가 젖을 먹지 못할까 봐 걱정해주었기 때문만은 아닙니다.

아이들과 아무 상관이 없는 낯선 여인이 친어머니와 같은 사랑의 마음으로 그 아이들을 가엾게 생각하고 진심으로 사랑해주었기 때문입니다. 이제야말로 나는 깨달았답니다. 사람들 모두 자신만 걱정하면서 살아갈 수는 없다는 것. 사람들은 서로 사랑하면서 살아가야 한다는 것. 방금 다녀가신 그 여인이 두 아이를 위해 가슴에 품었던 것은 바로 사랑이었다는 사실을 말입니다.”

미하일이 말을 마치자마자 붉고 강한 빛이 집안을 향해 들어 왔어요. 세묜과 마트료나 그리고 그들의 아이들 모두 절을 하듯이 몸을 숙였어요. 미하일은 하얀 날개를 활짝 펼치고 하늘을 향해 훨훨 날아갔어요. 세묜은 고개를 끄덕였어요. 아마도 미하일은 마지막 문제의 정답을 알아냈을 거라고 생각했지요. 맞아요, 바로 그 문제. 사람은 무엇으로 사는가.

만들기의 시간
너를 위한 선물이란다

크리스마스 장식 만들기

우리들의 크리스마스

폴란드에서는 크리스마스 저녁이 되면 가정마다 예쁜 파티를 준비합니다. 이때 잊지 않고 챙기는 것이 바로 여분의 의자라고 하는데요. 가족 없이 혼자 지내야 할 누군가를 위해 미리 준비해두는 것이지요. 우리 아기도 가족과의 시간을 소중히 여기고 외로운 누군가를 배려해주는 따뜻한 마음을 가질 수 있었으면 좋겠습니다. 가족, 배려, 나눔, 용서, 이해, 사랑…. 우리 아기 마음속에 담아주고픈 소중한 가치들을 떠올리며 크리스마스 장식을 만들어보기로 해요.

준비물

양면 색종이 여러 장
(꽃이나 별과 같은
무늬가 있는 색종이라면
더욱 좋아요!),
핑킹 가위, 네임 펜, 딱풀

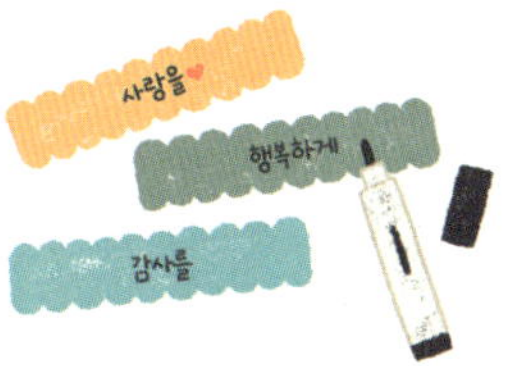

1 다양한 색상과 무늬의 색종이를 준비해주세요. 핑킹 가위를 이용하여 색종이를 1.5cm 폭으로 길게 잘라주세요. 뾰족뾰족한 모양보다는 둥글둥글한 모양으로 잘리는 핑킹 가위를 이용하면 더 예쁘게 자를 수 있어요.

2 잘라놓은 색종이에 아기 마음속에 담아주고픈 가치 메시지들을 네임 펜으로 적어주세요. 이때 '∼을(를), ∼하게'와 같은 조사를 꼭 함께 붙여주세요.

· 믿음을, 소망을, 사랑을, 감사를, 겸손하게, 신뢰를, 자신감을, 행복하게, 희망을, 배려를, 나눔을, 성실하게, 새롭게, 활기차게, 용기를, 우아하게

3 네임 펜으로 적은 가치 메시지가 안쪽으로 들어가도록 원을 만든 후 풀로 끝을 붙여주세요.
고리를 만드는 방식으로 준비한 색종이들을 모두 연결해주세요. 이때 독성이 있는 풀을 사용하면 엄마와 아기에게 좋지 않으니, 반드시 무독성 공작용 풀을 이용하기로 해요.

4 이번에는 엄마가 좋아하는 색종이 한 장을 하트 모양으로 오린 후, 그 안에 'Merry Christmas!'라고 적어주세요. 가치 메시지를 적은 고리 장식이 제법 길게 만들어졌다면, 하트 모양의 색종이를 여러 장 준비하여 알파벳 철자를 하나씩 나눠 적는 것도 좋은 방법이에요.

5 기다란 크리스마스 장식을 아기 방 창
   문 위에 걸어보세요. 커튼 장식처럼 중
   간 중간 포인트를 잡아주면 더 예쁘지
   요. 그런 다음 'Merry Christmas!'라
   고 적은 하트 색종이를 장식 밑에 덧
   붙여주기만 하면 끝! 행복한 소망이 가
   득 담긴 우리만의 크리스마스 장식이
   완성되었답니다.

* 크리스마스가 아니어도 충분히 예쁜 장식이 돼줄 수 있어요. 'Happy Birthday!', 'Happy New Year!', 'God Bless You!' 등과 같은 메시지를 적어서 아주 특별한 기념일을 만들어보세요.

엄마의 삶, 일, 가치
나무 그네 위의 연인

여름 햇살이 따가운 오후, 시원한 바람이라도 쐴 겸

공원 한편을 걸었습니다.

하늘 높이 솟은 나무들이 초록 아치를 만들어주고 있는 사이에

동화처럼 예쁜 나무 그네가 보였습니다.

한 쌍의 연인이 알콩달콩 이야기를 나누며 그네를 기울이고 있었지요.

이내 그네의 기울임을 따라 덩싯거리며 쫓아간 걸음은,

연인이며 연인 아닌 두 사람 뒤에서 머츰했습니다.

그네 오른편, 꽃무늬 단화를 벗어놓고

소녀처럼 두 발로 장난을 치고 있는 사람.

그네 왼편, 투박한 농구화를 벗어놓고

소년처럼 수다를 펼치고 있는 사람.

서로를 '엄마!', '아들!'하며 다정하게 부르고 있던 두 사람.

언젠가 친정어머니와 놀이터를 지날 일이 생긴다면,
꼭 한번 어머니를 그네에 앉혀보세요.
어릴 적 어머니가 엄마에게 해주었던 것처럼,
이제 엄마가 아기에게 해주고픈 것처럼.

Whisper to My Baby

우리 아기, 하늘 높이 날아라.
하늘 저 끝에 닿으면 꼭 한번 바라보렴.
하이얀 구름 모자가 어울리는 산을.
에메랄드 빛으로 반짝이는 바다를.

임신 8개월, 우리에게 일어난 일
우리 아기를 위해 어떤 준비물을 챙겨볼까요?

가족이
된다는 것

아홉 번째,
아름다운 태교

임신 9개월

엄마에게 띄우는
아홉 번째 편지

지금으로부터 딱 2개월. 이제 아기 천사를 만날 날이 정말 얼마 남지 않았습니다. 커진 자궁이 위와 폐를 자극할 때마다 숨이 벅차고, 또 방광을 누를 때마다 화장실을 찾게 되고…. 엄마는 확실히 임신 초기보다 불편함을 호소하게 될 것입니다. 하지만 엄마의 배 속에 키가 45cm가 넘도록 크고, 몸무게도 2kg을 훌쩍 넘긴 아기가 자라고 있다는 사실을 떠올려보세요. 가끔은 믿기지 않을 만큼 신비롭지 않은가요? 엄마의 배 속에 새 생명이, 엄마를 꼭 닮은 아기 천사가 자라고 있다는 사실이 말입니다. 지금쯤 아기는 모든 장기가 만들어지고 신체 골격도 거의 갖추게 되었답니다. 엄마를 만나기 위해 자궁 아래쪽으로 천천히 머리를 돌리고 있기도 하지요.

자, 출산은 임신의 마지막이기도 하지만 육아의 시작이기도 한데요. 문득 엄마는 아기에게 어떤 엄마가 되고 싶을까 하고 스스로 질문을 던질 수도 있습니다. '내가 좋은 엄마가 될 수 있을까?' '우리 아기는 어떤 모습으로 자랄까?' 이런저런 걱정이 엄마의 머리 위로 풍선처럼 둥둥 떠다니지는 않는지.

건강하게 자라고 훌륭한 사람이 되어준다면 더 바랄 것이 없겠지만, 무엇보다 엄마는 아기가 자신의 꿈을 향해 날개를 펼쳐 훨훨 날아갈 수 있기를 바랄 것입니다. 엄마가 직접 아기에게 날개를 달아줄 수 있다면 좋겠지만, 그보다 더 좋은 방법은 아기가 스스로 날개를 달고 날아갈 수 있도록 응원해주는 것이 아닐까요? 임신 9개월, 간절히 꿈꾸며 바라던 엄마의 모습을 떠올려보세요.

선배 엄마, 명사들의 이야기를 들어보세요!

'내가 좋은 엄마가 될 수 있을까?' '우리 아이가 자라서 말썽만 부리면 어떡하지?' 육아에 대한 걱정이 막연하게 떠오르는 시기입니다. 지금까지 태교를 위해 꾸준히 읽어 오던 동화가 저 먼 나라 이야기 같이 느껴지기도 하고요. 이때는 앞서 아이들을 낳고 키운 선배 엄마들의 이야기에 귀기울여보기로 합시다.

자녀를 유명한 스포츠 선수나 정치인으로 키워낸 명사들의 이야기를 찾아 읽어보는 것도 좋습니다. 더불어 어릴 적 책장에 꽂아두었던 위인전도 다시금 펼쳐보세요. 힘든 상황 속에서도 아이가 꿈을 잃지 않도록 응원해준 엄마들, 아이를 키우면서도 자신의 꿈을 포기하지 않은 엄마들, 자신의 아이는 물론 세상의 모든 아이들을 위해 살아온 엄마들을 만나보길.

이를 통해 엄마 마음속에 자리한 육아에 대한 부담과 걱정이 꿈과 자신감으로 바뀔 수 있기를 바랍니다.

엄마가 할 수 있는 일

1. 체중이 급격히 늘지 않도록 주의하기.

2. 조산이 발생하지 않도록 조심하기.

3. 외출할 때는 화장실을 편안하게 이용할 수 있는 곳 알아두기.

4. 출산 계획 점검하기. 분만할 병원, 산후조리 방법, 수유 형태, 출산준비물 등.

5. 육아에 대한 걱정 대신 꿈과 자신감을 가져보기.

이런 아이로
자라게 하소서

몽로난의 어머니, 영천 이씨의 이야기

이씨 부인은 고려 시절 내내 관직에 몸담아온 정습명 鄭襲明의 집안으로 시집을 갔습니다. 그녀의 남편인 정운관 鄭云瓘 역시 관직을 맡고 있었는데요. 지체 높고 재물이 풍족하지는 않았지만 인자하고 품위 있는 집안사람들 덕분에 그녀는 충분히 행복하고 만족스러운 혼인 생활을 이어갈 수 있었습니다. 단 하나, 그녀를 속박하는 걱정거리만 없었다면 말이지요.

이씨 부인에게는 오래도록 아기가 생기지 않았습니다. 이씨 부인은 물론 가족 모두 아기가 생기기만을 간절히 바랐습니다. 그녀와 남편은 하루도 빠지지 않고 기도를 했습니다. 부부가 간절한 기도 속에 보낸 날들은 어느덧 1,000일이 다 되어 갔습니다.

어느 날 밤 이씨 부인은 몹시 희한한 꿈을 꿨습니다. 꿈에 웬 어르신이 나타나 그녀에게 화분 하나를 건네주었습니다. 작고 예쁜 난초를 소담하게 심은 화분이었지요. 화분을 건네준 노인은 순식간에 저만치 멀어졌습니다. 그녀는 고맙다는 인사라도 하려고 노인을 쫓아 뛰었습니다. 그러다가 그만 화분을 떨어트렸는데요. 화분은 그 자리에서 와장창 깨지고 말았습니다. 그런데 정말 놀라운 일은 깨진 화분 속에서 난초가 조금도 상하지 않고 제 모습을 뽐내고 있었다는 것.

과연 상상이나 했을까요? 자신이 꾼 꿈이 바로 태몽이었다는 사실을! 이후 이씨 부인은 태기를 느꼈고 그토록 기다리던 아기를 가질 수 있었습니다. 부부는 1,000일 동안 아기를 기다렸을 때처럼 다시 간절한 마음으로 기도를 했습니다. 배 속의 아기가 세상에 나와 장차 훌륭한 인물로 자라주었으면 하는 바람을 담은 기도였지요. 특히 비바람이 휘몰아치듯 거친 상황 속에서도 굳건히 고려 왕조를 지켜줄 충신으로 키우고 싶었습니다.

하지만 임신이 마냥 행복하고 편안한 것은 아니었습니다. 배가 불러올수록 먹는 일은 물론 걷고 자는 일 같은 일상생활이 모두 불편하고 고되게 여겨졌지요. 그나마 힘든 시간을 견딜 수 있었던 것은 장차 아기를 훌륭하게 키워내고픈 기대와 의지가 있었던 덕분이었습니다. 이씨 부인은 「태중훈문 胎中訓文」이라는 글에 자신의 마음을 담았습니다.

"선인들의 지나간 행적을 더듬고 그에 관한 책을 읽으며, 이를 선망하여 마음속으로 간절히 바라야 한다. 나도 그들과 같은 위인을 낳았으면 하는 마음으로 보통 때보다 언행에 신경 쓴다면 분명히 훌륭한 아기를 낳을 것이다."

이후 아기는 난초 꿈을 꾸고 생긴 아기라 하여 '몽란 夢蘭'이라는 이름을 갖게 되었습니다. 몽란은 일찍이 학문에 능했고 이른 나이에 과거에 급제한 것은 물론 고려의 관직에도 등용되었습니다. 당시 나라의 상황은 고려 왕조를 몰아내고 조선을 세우려는 세력들 때문에 어지러웠습니다. 이방원 李芳遠은 '하여가 何如歌'라는 시조를 지어 그녀의 아들에게 보냈습니다. 이에 대하여 아들은 '단심가 丹心歌'를 지어 고려에 대한 충절을 약속했습니다. 과연 아들은 부모의 바람대로 고려의 충신으로 자라났던 것이지요.

이씨 부인은 훌륭하게 자라난 아들을 보며 임신이 되지 않아 속상했던 시간도, 임신해 있는 동안 힘들었던 시간도 모두 잊을 수 있었습니다. 게다가 아들은 효심이 지극하기로도 유명했는데요. 훗날 왕이 마을을 지나다가 100일이 넘도록 부모의 묘를 지키며 예를 다하고 있는 그를 보고 큰 감명을 받았다고 전해지고 있습니다.

고려 형법의 틀을 만들어 관리들의 비행을 뿌리 뽑고, 의창 義倉이라는 기관을 만들어 빈민을 구제하는 데 힘썼으며, 지방 구석구석 향교를 만들어 교육 진흥을 일으킨 사람, 백성들에게 필요한 학문을 연구하고자 했던 성리학의 시조로 평가 받는 사람, 한평생 왕을 감복시킬 만큼 대단한 효심을 보여줬던 사람, 그 사람이 정몽주 鄭夢周, 바로 이씨 부인의 아들이었답니다.

"까마귀 싸우는 골에 백로야 가지 마라. 성낸 까마귀 흰 빛을 시샘할세라. 청강淸江에 좋게 씻은 몸을 더럽힐까 하노라."
아들아, 권력에 욕심내는 무리에 휩쓸리지 마라. 너는 이미 우리에게 있어 참으로 멋진 아들이란다.

「정몽주 초상」 출처 – 공공누리(국립중앙박물관 소장)

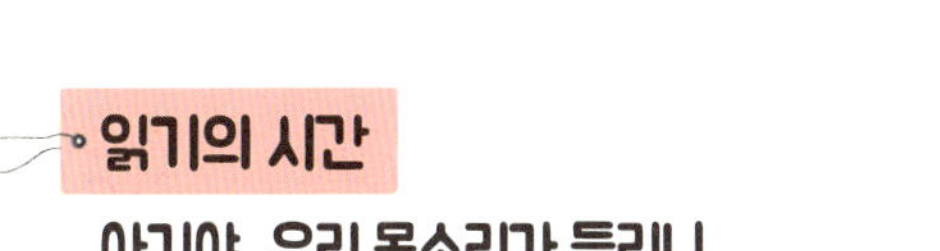

그리스의 전설, 「안티고노스의 초상화」에서

지혜를 갖게 하소서

고대 그리스의 마케도니아 왕국에 안티고노스라는 왕이 있었어요. 그는 그리스를 지키기 위해 여러 차례 로마와 전쟁을 벌였고, 그러던 중 한쪽 눈을 사고로 잃고 말았지요. 비록 한쪽 눈이 보기 싫게 변한 외눈박이 왕이었지만, 그리스의 병사와 백성은 그들에게 진정한 자유와 평화를 가져다준 왕을 진심으로 존경했어요.

세월이 흐르고 안티고노스도 어느덧 나이가 지긋한 왕이 되었어요. 그는 문득 이때쯤 자신의 초상화를 그려두면 어떨까, 하고 생각했어요. 곧장 나라 안의 유명한 화가들을 불러 모았지요.

먼저 그를 찾아온 화가는 매우 사실적인 그림을 잘 그리기로 유명했어요. 그는 몇날 며칠을 궁전에 살며 안티고노스의 얼굴을 살폈어요. 얼굴의 모양은 물론 눈의 크기, 입술의 색깔, 얼굴 구석구석에 자리한 점까지 샅샅이 살폈지요. 그때부터 안티고노스는 설레는 가슴을 진정시킬 수가 없었어요.

'과연 어떤 모습의 나를 그려낼 것인가! 나는 전투에 나가 한 번도 패한 적이 없다. 나의 한쪽 눈은 나의 조국 그리스를 위해 바친 것. 그리스를 지키기 위해 이토록 용맹하게 싸워온 왕이 바로 나, 안티고노스다.'

안티고노스는 전투에 나가 힘겹게 싸웠던 지난날들을 떠올렸어요. 일그러진 한쪽 눈을 만지며, 자신의 초상화는 그 어떤 왕의 초상화보다 멋있어야 한다고 생각했지요.

이윽고 화가가 초상화를 가져오기로 약속한 날이 되었어요. 안티고노스는 떨리는 마음으로 초상화를 덮고 있던 천을 벗겼어요. 그런데 이게 어떻게 된 일일까요. 안티고노스가 궁전이 울리도록 소리를 지르며 화를 내는 것이었어요.

"내가 진정 이렇게 흉측하단 말인가!"

화가가 그린 초상화는 그를 거울에 비춘 것처럼 몹시 사실적이었어요. 안티고노스의 일그러진 눈까지 아주 자세하게 그려져 있었지요. 화가 난 안티고노스는 당장 화가를 감옥에 가뒀어요. 왕에 대한 예의를 갖추지 못한 화가라며 마구 화를 냈어요. 화가에 관한 소문은 금세 온 나라에 퍼져 나갔어요.

이후 두 번째 화가가 안티고노스를 찾아왔어요. 그는 먼저 다녀간 화가의 소문을 들은지라 쇳덩이를 품은 듯 마음이 무거웠어요. 초상화를 그리기 위해 안티고노스의 얼굴을 살피다가도 그와 눈이 마주치면

재빨리 얼굴을 돌렸어요. 자
기도 벌을 받진 않을까, 생각
하면 할수록 무서워서 숨이
다 멎을 지경이었지요. 두 번
째 화가의 마음은 알지도 못
한 채 안티고노스는 또 한 번
기대에 부풀어 있었어요.

'나의 눈은 분명 나라를 위
해 바친 영광의 증표이건만,
그토록 흉측하게 그릴 수밖
에 없었단 말인가! 그럼 백성은 나를 흉측한 모습의 왕으로만 기억하
겠군!'

안티고노스는 이번만큼은 정말 제대로 그려진 초상화를 볼 수 있
을 거라고 기대했어요. 그러나 그 기대는 이번에도 여지없이 깨지고
말았어요. 두 번째 화가가 가져온 그림은 그를 더욱 더 화나게 만들
었지요.

"거짓말! 이건 나의 모습이 아니야!"

두 번째 화가가 그린 초상화에는 양쪽 눈이 모두 멀쩡할 뿐만 아
니라 키도 훨씬 크고 얼굴 생김새도 빼어난 모습의 왕이 그려져 있
었어요. 누가 봐도 본래의 모습과는 정반대인 초상화였어요. 안티고
노스는 첫 번째 화가의 초상화를 보았을 때보다 더 크게 화를 냈고

두 번째 화가 역시 감옥에 가둬버렸어요. 다시 온 나라에 그의 두 번째 초상화에 대한 소문이 번졌지요.

그 이후로 수많은 화가들이 다녀갔지만 번번이 감옥에 갇히기 일쑤였어요. 외눈박이 모습을 사실대로 그려도, 거짓으로 바꿔서 그려도 안티고노스의 마음을 만족시키지 못했어요. 결국 나라 안의 모든 화가들이 벌을 받는 상황이 만들어지고 말았지요.

그러던 어느 날 낯선 화가가 안티고노스를 찾아왔어요. 그는 낡은 옷을 입고 구멍 난 신발을 신은, 초라한 모습의 화가였어요. 사람들은 그의 겉모습만 보고도 그가 왕의 초상화를 멋지게 그리지 못할 거라고 장담했어요. 게다가 그는 궁전에 들어와서 바로 그림을 그리지 않고 왕의 곁을 줄줄 쫓아다니기만 했지요. 사람들은 그가 게으르기까지 하다고 흉보며 혀를 끌끌 찼어요.

드디어 며칠 뒤 화가가 완성된 초상화를 들고 안티고노스의 앞에 섰어요. 안티고노스는 더 이상 기대에 부풀어 있는 모습이 아니었어요. 근사한 초상화를 남기는 일은 이미 포기했다고 하는 게 꼭 맞을 거예요. 물론 그는 전혀 눈치 챌 수 없었지요. 잠시 후 세상에서 가장 멋진 모습의 자신이 담긴 초상화를 보게 될 거란 사실을!

"오, 내게 이런 모습이 있었다니!"

초상화를 본 안티고노스는 넋을 잃고 말았어요. 얼마 전 그는 부하들과 함께 사냥을 나간 적이 있었어요. 그는 매 순간마다 백발백중 정확한 활쏘기 솜씨를 보여줬지요. 그 모습을 가만히 지켜보던

사람이 있었어요. 바로 초상화를 그리기 위해 그를 찾아온 화가! 화가는 바로 사냥감을 향해 활을 겨누는 왕의 옆모습을 그렸던 거예요. 거기에는 굳이 왕이 감추고 싶어 하는 외눈박이 눈이 나올 필요가 없었어요. 한쪽 눈은 온전히 갖고 있는 왕의 모습이기에 거짓말을 할 필요도 없었지요.

"세상의 모든 이가 그대와 같은 지혜를 갖게 하소서!"

안티고노스는 크게 기뻐하며 화가에게 큰 상을 내렸어요. 화가는 상은 마다하고 감옥에 갇힌 화가들을 모두 풀어달라고 부탁했지요. 전해지는 이야기에 따르면 이 보잘것없는 행색의 화가가 바로 당대 최고의 예술가였던 아펠레스였다고 합니다.

아주 특별한 기저귀 가방 만들기

너만을 위한 선물

임신 9개월! 이제 조금씩 출산 준비를 하고 있겠군요. 엄마는 어떤 아기용품들을 준비했을까요? 출산 후 아기용품을 넣고 다닐 만한 기저귀 가방도 준비하였는지. 곧 지인들은 물론 산부인과를 통해서도 기저귀 가방 같은 아기용품들을 선물 받게 될 텐데요.

값 비싸고 디자인이 독특한 가방도 좋지만, 엄마만의 정성과 의미가 담긴 가방이라면 더욱 좋을 거예요. 오늘 엄마와 아기만을 위한, 세상에 하나뿐인 기저귀 가방을 만들어보기로 해요.

준비물
무지 에코백, 염색용 크레용, 흰 종이 여러 장, 연필, 다리미, 다림판

1 시중에서 쉽게 구할 수 있는 무지 에코백을 준비해주세요. 바닥면에 평평한 받침이 있고 지퍼로 닫을 수 있으며 속에는 휴대폰을 넣을 만한 속주머니가 있는 모양의 에코백을 준비한다면, 나중에 엄마가 쓰기에 정말 좋을 거예요. 에코백의 앞뒤 면 중 부드러운 쪽을 골라주세요.

2 아기가 어떤 해에 태어나는지요? 닭띠 해일 수도 있고, 개띠 해일 수도 있고, 돼지띠 해일 수도 있을 텐데요. 태어나는 해에 해당되는 십이간지 동물의 그림을 에코백에 그려볼 거예요. 종이에 먼저 연습을 해보는 게 좋겠지요? 다 자란 동물의 모습보다는 새끼 동물을 그리는 편이 훨씬 귀엽고 예쁘답니다.

3 귀여운 동물 도안이 탄생했나요? 그럼 연필로 에코백 위에 도안을 옮겨 그려주세요. 이때 연필 선이 너무 세게 드러나지 않도록 아주 살며시 그려주는 게 좋아요.

4 그림을 그린 반대쪽 면에 아기의 탄생 연도와 태명을 적어주세요. '2017년 우리 꿈이가 온 날'과 같은 형식이면 좋아요.

5 이제 연필 선을 따라 염색용 크레용으로 색을 칠해주세요. 탄생 연도와 태명을 적은 부분도 검정색 크레용으로 덧입혀주세요. 참, 염색용 크레용 역시 반드시 무독성으로 준비해야 해요.

6 다림판 위에 그림이 위로 오도록 에코백을 펼쳐주세
  요. 그런 다음 그림이 다 가려지도록 그림 위에 흰 종
  이를 살며시 덮어주세요. 가장 약한 세기로 맞춘 다리
  미로 흰 종이 위를 꾹꾹 눌러줄 차례예요. 흰 종이에
  크레용 색상이 묻어나오는 것을 볼 수 있을 거예요.

7 다림질이 끝났으면 흰 종이를 떼어내고 통풍이 잘되
  는 곳에서 에코백을 말려주세요. 어디에서도 구할 수
  없는 우리 아기만의 기저귀 가방이 완성되었답니다!

* 순면으로 만든 무지 손수건 위에 그림을 그리면 우리 아기만의 가재 수건이 되겠지요?
  가방 안에 넣고 다닐 파우치에도 염색용 크레용을 이용해 그림을 그려보세요!

아빠의 의미, 다짐, 용기

아버지의 이름으로

햇볕이 따뜻한 주말 오후의 놀이터.

두 명의 아이가 심하게 다투고 있었습니다.

기어코 둘 중 한 아이가 코피를 흘리며 쓰러지고 말았지요.

바로 그때 멀리서 한 남자가 헐레벌떡 뛰어왔습니다.

놀랍게도 남자는 코피를 흘리고 있는 아이가 아닌,

잔뜩 화가 나 이를 앙다물고 있는 아이를 끌어안았습니다.

"우리 아이가 너를 몹시 화나게 했구나.

내가 대신 사과하마. 미안하다, 아이야!"

아아, 주변 사람들을 일순간 놀라게 한 이 남자,

바로 코피를 흘리고 있는 아이의 아버지였습니다.

아기에게 있어 아빠는 왕보다도 기사보다도 친구보다도
지혜롭고 용맹하며 친근한 사람이라는 사실을 잊지 마세요.
이제 곧 실제 이름보다도 더 많이 불리게 될 또 다른 이름,
바로 '아버지'가 되었으니까요.

Whisper to My Baby

나는 아버지입니다.
아기를 가르칠 지혜와 아기를 지킬 용기를
그 무엇과도 바꾸지 않는
나는 아버지입니다.

임신 9개월, 우리에게 일어난 일

이 달의 다이어리는 아빠가 채워보면 어떨까요?
아기가 태어나면 아빠로서 꼭 지켜주고 싶은 약속,
먼 훗날 잘 자란 아기와 함께 하고 싶은 일들을 떠올려보세요.

비로소 나,
엄마가 되다

열 번째,
아름다운 태교

임신 10개월

엄마에게 띄우는
마지막 편지

드디어 임신 마지막 달이 되었습니다! 긴 시간이 될 줄만 알았는데 벌써 마지막 달이라니. 배 속 아기를 위해 조심하고 또 조심하며 지내온 엄마를 한껏 칭찬합니다. 아기는 이제 키가 50cm, 몸무게는 3kg 정도로 자란 데다 살도 제법 올라서 태어날 때와 거의 비슷한 모습을 갖추게 되었습니다.

엄마는 어떤가요? 희한하게도 지난달에 비해 숨쉬기가 훨씬 편해지지 않았나요? 출산이 가까워지며 아기가 자궁 아래쪽으로 내려가고 있기 때문인데요. 동시에 아기가 발로 뻥 차는 듯이 느껴지던 태동도 약해지기 시작할 것입니다. 가끔은 출산할 때와 비슷한 가진통假陣痛을 느낄 수도 있는데, 이는 임신 마지막 달에 나타나는 자연스러운 현상이니 조산이 아닌가, 하고 너무 걱정하지 않아도 됩니다.

자, 그럼 이제는 언제라도 다가올지 모를 출산에 대비를 해야겠지요? 엄마는 출산 징후가 나타나면 빠른 시간 안에 병원으로 이동할 수 있는 장소에 있는 것이 좋습니다. 도움을 받을 남편이나 부모님 곁에 있다면 엄마의 마음이 훨씬 더 안심이 되겠지요.

옛날 어떤 사람이 신을 찾아가 이렇게 물었다고 합니다. "신이시여, 대체 엄마란 어떤 존재인가요?" 이 물음에 신은 이렇게 대답하였다고 하는데요. "엄마는 나를 대신하여 그대를 지켜주기 위해 보낸 천사이니라."

신이 자신을 대신하여 보낸 천사, 세상에서 가장 아름다운 천사, 그 천사는 다름 아닌 엄마, 바로 당신이랍니다. 축하합니다, 엄마가 된 당신!

임신 10개월의 태교 코칭

가족의 사랑을 확인하세요!

지금부터 출산의 순간까지 엄마의 마음을 꽉 채우게 될 걱정거리, 바로 출산에 대한 두려움일 것입니다. '하늘이 노래진다고?' '정말 죽을 것만 같이 아프다고?' 갖가지 걱정과 불안이 엄마를 괴롭히고 있지는 않은가요?

임신 마지막 달의 태교 시간에는 엄마가 사랑하고 아끼는 가족을 떠올려보기로 해요. 출산의 순간 엄마에게 가장 많이 떠오르고 또 엄마를 눈물짓게 할 사람이 바로 부모님일 텐데요. 엄마가 그토록 걱정하고 불안해하는 순간을 먼저 겪은 어머니와 아버지, 그 분들은 밝고 아름답게 자라는 엄마를 보며 날마다 웃고 감격할 수 있었답니다. 그리고 또 하나의 소중한 사람, 바로 아기의 아빠! 지금 이 순간 자신 역시 두렵고 걱정되지만 엄마를 위해 애써 웃고 힘을 내는 엄마의 남편.

혹시 부모님과 주고받았던 편지나 문자 메시지가 있나요? 연애 시절 남편에게 받았던 선물 속의 쪽지도 좋고요. 지금부터 가족의 사랑을 확인해보세요. 엄마가 누구보다 강하고 용기 있는 엄마가 될 수 있도록 응원하는 가족의 사랑을. '사랑한다, 엄마가 된 우리 딸!'

엄마가 할 수 있는 일

1. 분만할 병원에서 멀지 않은 곳에 있기.
2. 출산과 산후조리를 도와줄 분께 도움 청하기.
3. 분만 전에 양수가 파열되지 않도록 조심하기.
4. 출산에 대한 두려움을 자신감으로 바꾸기.
5. 가족의 사랑을 확인하기.

가족이라는 이름

"갑자기 엄마 생각이 막 나더라고. 엄청 울었지 뭐야."

출산을 경험한 엄마들이 출산 순간에 대해 물으면 이렇게 대답하곤 하는데요. 열 달의 임신 기간을 거쳐 비로소 엄마가 되는 순간, 생명에 대한 경이로움과 감사함을 한껏 느끼는 순간, 가장 먼저 떠오르는 사람이 바로 친정어머니라는 사실.

"너도 애 하나 낳아 봐야 엄마 마음 알 거다. 딱 너 같은 딸 하나 낳아 봐라…."

살면서 귀가 닳도록 들었던 말이, 엄마의 눈이 닳도록 흐르는 눈물이 될 줄이야.

열 달이라는 시간이 훌쩍 지나고 막달에 이르렀을 무렵, 엄마는 문득 무섭다는 생각이 들었습니다. 이제 정말 출산이 얼마 남지 않았기 때문이지요. 엄마는 아빠에게 머릿속을 가득 채우고 있는 걱정을 들려주기 시작했습니다.

"오빠, 친구가 그러는데 정말 하늘이 노래져야 나온대. 이러다 정말 허리가 부러지지 않을까 걱정될 정도로 허리가 아프다나. 그래서 아기 낳다가 죽는 여자도 있대. 아아, 나 무서워. 자연분만은 고사하고 진통도 못 견딜 것 같아. 오빠, 만약에 의사 선생님이 나와 아이 중 하나만 선택하라고 하면 꼭 우리 아기를 살려줘. 알았지?"

이 무슨 말도 안 되는 소리일까요. 아빠는 코웃음을 쳤습니다. 그래, 그럼 아무도 안 살리고 새 장가 가야겠네, 하고 엄마를 놀리기까지 했지요. 엄마는 왜 자기만 이런 걱정에 빠져야 하느냐고 몹시 억울하다는 듯이 신경질을 부렸습니다.

"이럴 때 엄마라도 있었으면 좋았을 텐데…."

엄마는 자신의 엄마, 바로 친정어머니를 떠올렸습니다. 어릴 때부터 가졌던 믿음 그대로 하늘나라 어딘가에서 평안하게 지내고 있겠지요. 엄마는 돌아가신 어머니 생각에 금세 눈가가 촉촉해졌습니다. 이맘때쯤 출산을 대비해 친정에 가 있든지, 아예 친정 근처로 이사하겠다는 친구들 이야기를 들으면 마음이 더 아팠습니다.

어머니가 마주 앉지 않은 식탁에서 홀로 식사를 하고 있는 아버지 생각도 떨칠 수 없었지요. 못내 딸이 걱정된 아버지는 자기는 괜찮으니 언제든 필요하면 부르라고, 요새는 혹시나 하는 마음에 그 좋은 등산도 잘 안 다닌다고 너스레웃음과 함께 말했습니다. 비단 말뿐이라고 해도 그저 고맙고 미안하기만한 아버지였습니다.

내친 김에 엄마는 오랜만에 아버지 얼굴도 볼 겸 친정으로 향했습니다. 마트에 들러 아버지가 좋아하는 커피 한 봉지와 과자도 조금 샀습니다. 아버지는 딸이 반가운 건지 커피가 반가운 건지 어린 아이처럼 폴짝 뛰어 나왔습니다. 아버지는 시원한 수박을 숭덩숭덩 썰어 엄마 앞에 내놓았습니다. 엄마는 연하게 커피를 내리고 달콤한 과자를 접시에 담았습니다. 아버지는 딸이 내려줘서 더 향긋한 것 같다며 또 너스레웃음을…. 엄마는 아버지 얼굴에 넝쿨 번지듯 뻗어 있는 주름살을 보며 말했습니다.

"울 아빠도 정말 할아버지가 되네? 아빠, 있잖아요. 우리 한 집에서 같이 살까요?"

엄마의 말에 아버지는 깜짝 놀란 듯 입안에 남은 커피를 뿜을 뻔했습니다.

"아이고, 말도 마라. 나는 매일 같이 등산도 다녀야 하고, 여기 스무 개도 넘는 화초도 가꿔야 하고 아주 정신없다. 너희 애 돌봐줄 틈이 없어, 이 아빠는."

"하하하, 장난이에요."

사실 진심이 담긴 말이었는데, 엄마의 마음은 농담인 듯 아닌 듯 풍선처럼 날아가 버렸습니다. 엄마는 결혼하기 전까지 썼던 자신의 방으로 향했습니다. 아버지는 모든 가구며 옷가지, 장식품들을 딸이 썼던 그대로 놔두었지요. 책상 유리 밑에는 어릴 적 아버지, 어머니와 함께 찍은 사진이 끼워져 있었습니다.

엄마가 살아 계셨다면 더 좋았을 텐데…. 엄마는 다시금 눈시울을 붉혔고, 그런 딸의 마음을 읽기라도 했는지 아버지는 방문을 가만히 닫아주며 자리를 피했습니다. 엄마는 얼른 눈물을 훔치고는 거실로 나갔지요. 엄마 눈앞에 동그란 화분처럼 웅크리고 앉은 아버지가 한없이 여리고 쓸쓸해 보였습니다.

엄마는 일부러 더 씩씩하게 말하고는 친정을 나섰습니다. 눈물이 왈칵 날 것 같았지만, 앞으로는 절대 울지 않겠다고 스스로 약속했지요.

그리고 정말로 엄마는 출산의 순간 한 방울의 눈물도 흘리지 않았습니다. 허리가 부러질 것 같은 통증, 하늘이 노래질 것 같은 기분, 물론 다 느꼈지요. 하지만 그 순간 엄마는 한 장의 사진을 떠올리며 호흡을 고르고 고통을 이겨낼 수 있었습니다.

며칠 전 친정에서 보았던 바로 그 사진. 사진 속에서 어머니는 어린 딸의 손을 꼭 붙잡고 환하게 웃고 있었거든요. 슬픔과 눈물은 모두 잊은 표정으로.

병실 밖에서 딸의 안부를 묻는 친정아버지의 목소리가 어렴풋이 들렸습니다.

"출산은 누구에게나 두렵고 걱정되는 일일 거예요. 하지만 그 순간 사랑하는 가족과 부모님을 떠올려보세요. 대신할 수 있는 일이라면 엄마가 겪는 고통 모두를 가져가줄 사람들, 바로 가족이랍니다.
이제 엄마도 또 하나의 가족을 만들겠군요. 세상에서 가장 아름다운 이름, 가족!"

탈무드, 「아버지의 유산」에서
부모의 다른 이름, 바보

옛날 이스라엘에 부모님 말을 몹시 듣지 않는 아들이 있었습니다. 아침 일찍 일어나라 하면 해가 산꼭대기 위에 떴을 때 일어나고, 얌전하게 식사를 하라고 하면 식탁을 엉망진창으로 만들어놓곤 하였습니다. 집밖에서는 조금 낫지 않을까 하고 기대하기도 여러 번, 마을의 친구들과 하루도 빠짐없이 싸움을 벌여서 집밖에서도 조용할 날이 없었습니다. 부모는 물론 마을 안의 모든 사람들이 아들을 바보라고 부르는 것은 어쩌면 당연한 일이었는지도 모릅니다.

한편으로 어머니는 아들이 가엾게 여겨지기도 했습니다. 남편이 아들을 너무 나무라는 것 같아 마음이 조마조마한 적이 한두 번이 아니었지요. 그러다가도 아들이 이웃집 담장을 부수거나 정원을 망가뜨리고 오면 여지없이 한숨이 새어 나왔습니다.

'왜 신은 내게 저리 바보 같은 아들을 주셨을까!'

하늘을 바라보며 한숨을 쉬다 보면 저도 모르게 눈물이 흐를 때도 있었습니다. 부모로 산다는 일이 이토록 힘든 일이었다면, 차라리 아이를 낳지 않는 편이 나았겠다고 연신 후회를 해보기도 했지요.

그 후 강물처럼 쉼 없이 세월이 흘렀습니다. 그 사이 아버지는 병에 걸려 아무 일도 하지 못한 채 자리에 눕고 말았습니다. 아버지는 어머니에게 미리 준비해 놓은 유서를 건넸습니다.

'나의 재산을 전부 아들에게 남깁니다. 단, 아들이 진실로 '바보'가 되었을 때 유산을 상속해주십시오.'

유서를 받아든 어머니는 고개를 내저었습니다. 유서의 내용이 쉽게 이해되지 않았기 때문이었지요. 진실로 바보가 되었을 때라니 대체 어느 때를 말하는 것일까요? 아버지는 유서와 함께 작은 쪽지 하나를 건넸습니다.

"여보, 이 쪽지는 아들이 유산을 상속 받게 되었을 때 전해 주시오."

어머니는 유서의 내용대로 유산을 상속하고, 그때 아들에게 쪽지도 전하겠다고 약속했습니다. 얼마 안 있어 아버지는 어머니를 향해 엷은 미소를 지어 보인 뒤 세상을 떠났습니다.

아버지가 세상을 떠나고 나서 몇 해의 세월이 지났을까요. 아들

은 마을의 어여쁜 아가씨와 결혼식을 올렸습니다. 어머니는 아들을 축하해주기 위해 오랜 세월 아끼며 간직해 온 선물들을 건넸습니다. 아들이 세상에서 가장 아름답고 행복한 결혼 생활을 할 수 있기를 바라며 진심으로 기도했습니다.

얼마 지나지 않아 아들도 소중한 아기를 품에 안게 되었습니다. 건강하고 귀여운 사내 아이였습니다. 이제 아들도 비로소 아버지가 된 것이었습니다. 손자를 얻은 어머니는 자신이 아들을 낳았을 때보다 더 큰 기쁨과 감동을 느낄 수 있었습니다.

어머니 역시 비로소 할머니가 된 것이었으니까요. 아들과 어머니는 갓 태어난 아기가 방그레 웃는 모습만 봐도 절로 기분이 좋아졌습니다.

아기는 별 탈 없이 무럭무럭 씩씩하게 자라났습니다. 그동안 아버지가 된 아들의 자식 사랑은 남달랐습니다. 여느 부모가 자식을 사랑하지 않겠느냐만 아들은 다른 부모들보다도 더 과하게 자식을 사랑했습니다. 그런데 마을 사람들은 그런 아들을 이해하지 못한다는 듯 고개를 갸우뚱했습니다.

"저렇게 말을 안 듣는 아이는 처음 본다네. 아무래도 부모가 아이를 너무 품속에 싸 길러서 그런 것 같지 않은가?"

하루도 빠짐없이 말썽을 피우는 아이를 모두 못마땅해 했던 것이지요. 어머니는 아들을 타일렀습니다.

"사람들마다 우리 손자가 아주 형편없다고 흉보더구나. 네가 아이를 좀 호되게 나무라야 할 것 같다."

그러나 어머니의 타이름을 아들은 곧이듣지 않았습니다. 오히려 어머니가 하는 이야기를 아이가 듣기라도 할까 봐 아이를 얼른 제 방으로 돌려보냈지요.

"어머니는 아이가 듣고 있는데 그게 무슨 말씀이세요! 아이가 그 말에 상처 받기라도 하면 어쩌시려고…."

되레 어머니를 향해 큰 소리로 말대꾸까지 하였습니다. 그때 어머니가 말했습니다.

"네가 아주 바보가 됐구나! 자식이 태어나더니 아주 바보 중에 진짜 바보가 됐어."

아들에게 큰 소리로 화를 내고야 말았는데요. 순간 어머니는 깜짝 놀랐습니다. 자기 입에서 분명 '바보'라는 말이 나왔으니까요. 어머니는 남편이 남긴 유서를 떠올렸습니다.

'그래, 사람은 부모가 되면 바보가 되는 것이었구나. 자식만을 위해 웃고 울며 살아가는 바보!'

이후 아내는 남편의 유언대로 아들에게 유산을 상속했습니다. 그때쯤 하루도 빠짐없이 아들 혼내기에 바빴던 아들은 갑작스럽게 받은 유산이 놀랍기만 했지요. 더불어 아버지가 남긴 쪽지는 아들을 놀래다 못해 뭉클하게 만들고 말았습니다.

'네가 있어서 내 인생은 하루도 빠짐없이 놀랍고 즐겁고 감사했

단다. 네가 아무리 말을 듣지 않아도 나는 그 모습마저 예쁘고 사랑
스러웠지. 너의 부모로 살 수 있게 만들어주신 하느님께 감사한다.
사랑한다, 우리 아기. 멀리서도 너를 위해 기도하마.'

어머니에게 보내는 엽서 쓰기

어머니에게서 어머니를 배우다

어느덧 마지막 만들기 시간이 되었습니다. 그동안 만든 아홉 가지의 선물 모두 아기에게 잘 전해질 수 있기를 바랍니다. 마지막 달에는 아주 특별한 분을 위한 선물을 만들 거예요. 바로 엄마의 어머니에게 띄우는 편지. 아직은 상상할 수 없을지도 몰라요. 4주 후 엄마가 아기를 만나는 순간 뜨거운 연기처럼 솟아나는 어머니에 대한 생각을…. 엄마가 비로소 어머니가 될 수 있도록 해준 그 분께 예쁜 편지를 띄워주세요.

준비물
엽서 혹은 편지지, 필기도구, 말린 꽃잎이나 나뭇잎. 공예용 풀

1 편지를 쓰기 2~3일 전 먼저 준비해야 할 것이 있어요. 공원이나 주택가의 화단 밑에 떨어진 꽃잎이나 나뭇잎을 몇 장 주워 두꺼운 책 사이에 끼워주세요. 이틀에서 사흘 정도만 지나도 빳빳하게 마른 잎사귀를 만날 수 있을 거예요.

2 작고 예쁜 엽서나 편지지를 평평한 곳 위에 놓아주세요. 편지를 쓰기 전에 어떤 내용을 담으면 좋을까 고민될 텐데요. 다음과 같은 세 가지 마음을 담는다면 분명 뜻깊은 내용의 편지가 될 수 있을 거예요.

- 엄마가 자라면서 어머니에게 제일 미안하거나 고마웠던 일
» 엄마의 마음이 좀 더 성숙할 수 있도록 도와줄 거예요.
- 아기를 가진 후 어머니 생각이 제일 많이 났던 때
» '어머니'라는 존재가 지닌 소중한 의미를 되새겨볼 수 있을 거예요.
- 장차 어떤 아기로 키우겠다는 엄마의 다짐
» 육아에 대한 포부를 약속함으로써 굳은 자신감이 생길 거예요.

3 이제 손 글씨로 정성스레 편지를 써보세요. 예상치 못하게 눈물이 주르륵 흐를지도 몰라요. 엄마 눈물에 글씨가 번지지 않도록 조심! 깨달음과 감사함에 흐르는 눈물은 엄마의 감정을 맑게 정화시켜줄 것입니다.

4 잘 말린 꽃잎이나 나뭇잎을 종이의 여백에 붙여주세요. 편지를 받아본 어머니는 잠시나마 젊은 시절을 떠올리며 미소를 지을 거예요.

5 엄마의 마음이 가득 담긴 편지가 완성됐나요? 다 쓴 편지는 봉투에 넣어 꼭 여며주세요. 이때 우표를 붙이는 일도 잊지 않기로 해요.

6 자, 그럼 이제 아주 비밀리에 일을 진행할 차례예요. 아빠 혹은 가족이나 친구 중 누군가에게 엄마 대신 편지를 붙여달라고 부탁하세요. 출산 당일에 빨간 우체통에 편지봉투를 넣어주기만 하면 돼요. 딸의 출산 후 안도와 감격의 나날을 보내고 있을 친정어머니에게 아주 특별한 선물이 되어줄 것이랍니다!

* 어머니에게 책을 선물해본 적이 있나요? 너비가 넓은 테이프로 꽃잎이나 나뭇잎을 감싸 책갈피를 만들어보세요. 책과 함께 어머니에게 보낸다면 아주 의미 있는 선물이 되어줄 거예요.
* 꼭 어머니에게 보내는 편지가 아니어도 좋아요. 때에 따라 시부모님 혹은 친정 여동생이나 오빠, 가깝게 지내는 친구가 편지의 수신인이 될 수도 있지요. 편지의 수신인이 누구든 엄마의 세 가지 마음이 꼭 전해질 수 있기를 바랍니다!

엄마의 가족, 기적, 감격

먼 훗날, 엄마의 뒷모습

부모님의 뒷모습을 본 적 있나요?

어느 주말 부모님과 함께 거제도 여행을 떠났습니다.

바람아 불어라, 콧노래를 부르며 오른 언덕 한 자락에

두 분을 앉혀놓고, 이것저것 간식을 좀 사오겠다고 다녀오는데….

두 분이 수채화 같은 그림 한 폭을 그려주고 있는 것이었습니다.

차마 다가설 수 없어 멀리서 두 분의 모습을

카메라에 담았습니다.

내 인생에서 가장 멋진 왕이자 아름다운 왕비였던 두 분.

「탈무드」에 담긴 지혜를 빌려,

남편을 왕처럼 아들을 왕자처럼 딸을 공주처럼 대한다면

나는 곧 여왕이요, 왕비가 되는 것이라고.

훗날 엄마의 아기도 부모님의 모습을 카메라에 담고 싶겠지요.
그 순간 엄마는 어떤 모습의 그림을 완성할까요?
용기를 잃지 않길!
엄마만큼 지혜롭고 아름다운 어머니는 없답니다.

Whisper to My Baby

사랑하는 아기야. 먼 훗날 엄마의 뒷모습이
네게 아름답게 아로새겨지길 바란다.
너와 함께 할 앞으로의 시간이
엄마는 몹시 소중하고 감사하구나.

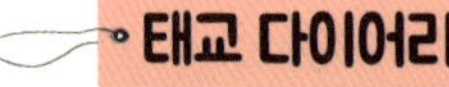

Dear My Baby

열 달을 마무리하며

아득하게만 보였던 열 달의 시간을 이토록 잘 이겨낸 엄마를 칭찬합니다.
여기 엄마 자신을 향한 응원의 말들을 남기며,
꿈과 용기를 잃지 않기로 해요.

때를 놓치면 안 될 줄만 알았던 공부에, 해도 해도 늘지 않는 살림과 육아에, 제 자신은 아마도 우주 저 멀리 도망 가 있지는 않을까, 생각했던 적이 많았습니다. 큰 아이가 열 살이 되면 반드시 혼자서 유럽 여행을 떠나게 해달라고, 가족에게 위안이 섞인 선언을 하곤 했었지요.

그렇게 2015년 여름, 저는 꿈에 그리던 유럽 여행을 떠날 수 있었습니다. 정말 아이들을 모두 두고 저 혼자 유럽행 비행기에 올랐지요. 사실 솔직히 고백하자면 비행기를 탄 순간부터, 아니 어쩌면 큰 배낭을 짊어지고 집을 나선 순간부터 저는 눈시울이 아팠습니다.

'이대로 떠나도 될까? 정말 내가 없어도 괜찮을까?'

독일, 프랑스, 네덜란드, 덴마크로 이어지는 여정 동안 저 스스로에게 과연 단 한 번도 아이들 생각을 하지 않았노라고 자신했습니다. 되레 '지긋지긋한' 녀석들 두고 오니 속이 다 후련하다고 큰소리를 쳤는지도.

그러던 중 찾아온 여행의 마지막 날, 덴마크에서의 모든 일정을 마치고 공항으로 가기 위해 열차에 올랐던 때였습니다. 열차 안에 있던 어린 아이가 갑자기 큰 소리로 울어대기 시작했습니다. 순간 저는 마치 제 아이를 보고 있기라도 하듯 심장이 뛰고 식은땀이 흘렀습니다.

'이를 어쩐담? 열차에서 내려야겠지? 사람들이 뭐라고 하진 않을까?'

아이들을 키우는 동안 제게도 숱하게 벌어졌던 상황이라 저는 몹시 걱정됐습니다. 그런데 그때 언뜻 믿을 수 없는 광경이 벌어졌습니다. 열차 안에 있던 모든 사람들이 서로 아이를 안아서 달래보겠다며 아이와 아이 엄마가 있는 곁으로 다가오는 것이었지요!

아이 엄마는 이런 일이 익숙하다는 듯이 자연스레 사람들 품에 아이를 건넸습니다. 앙앙 울어대던 아이는 그렇게 제 품까지 다가와서 안겼는데요. 얼마나 울었는지 가쁜 숨을 몰아쉬던 아이가 제 품에서 뚝하고 눈물을 그쳤습니다. 결국 아이가 눈물을 그친 대신 제가 울음을 터뜨리는 것으로 소란이 끝났지요. 바로 그 순간 저는 한국에 두고 온 두 아이가 얼마나 보고 싶었는지 숨이 멎을 듯이 눈물이 흘렀습니다.

보건소와 산부인과 문화센터 그리고 태교 전문 카페 BAENET(배:냇)에서 만난 수많은 예비 엄마, 아빠들에게 저는 이렇게 이야기하곤 합니다.

당신의 아이를 안을 수 있고 그 아이 때문에 울고 웃을 수 있는 하루하루가 바로 선물이라고. 세상에서 가장 소중하고 아름다운 보물상자가 지금 당신에게 찾아온 거라고. 엄마의 임신, 태교, 출산, 육아, 이 모든 여정이 선물처럼 이어지기를 바랍니다.

2017년 솜사탕 같은 눈이 내린 날
태교 작가 **권정희** 올림

책으로 만나는 최고의 태교 강연

태교, 두근두근 너를 만나는 시간

1판 1쇄 인쇄 2018년 1월 15일
1판 3쇄 발행 2025년 7월 31일

지은이 권정희
펴낸이 박용범
펴낸곳 리프레시
출판 등록 제2015-000024호(2015년 11월 19일)
주소 경기도 의정부시 서광로 135번길 405호
전화 031-876-9674
팩스 031-879-9574
이메일 refreshbook@naver.com

일러스트 강현수
디자인 파피루스

ⓒ 권정희 2017
ISBN 979-11-962230-0-7 23590

이 도서의 국립중앙도서관 출판예정도서목록(CIP)은 서지정보유통지원시스템 홈페이지(http://seoji.nl.go.kr)와
국가자료공동목록시스템(http://www.nl.go.kr/kolisnet)에서 이용하실 수 있습니다.
(CIP제어번호 : CIP2017028662)